First ***Air Plant***

처음 만나는 에어플랜트

HAJIMETE NO AIR PLANT SODATEKATA KAZARIKATA by Yoshiharu Kashima
Supervied by Yukihiro Matsuda

Original Japanese edition published by Ie-No-Hikari Association
Korean translation copyright ©2019, by Bookers
Korean edition published by arrangement with Ie-No-Hikari Association, Tokyo
through The English Agency (Japan) Ltd., Tokyo and GAON AGENCY
Korean translation copyright ©2020 by Bookers, an imprint of EUMAKSEKYE

First ***Air Plant***

처음 만나는
에어플랜트

요시하루 카시마 지음
원정선 옮김 / 유키히로 마츠다 스타일링 감수

BOOKERS

GARDEN TOOLS
Josephine Ryan

들어가면서

내가 일하고 있는 「PROTOLEAF Garden Island 타마가와玉川점」과 「tukuriba GREEN 초후調布점」에는 요즘 들어 다른 식물들에 비해 에어플랜트를 찾는 손님들이 압도적으로 늘었다. 예전에는 희귀한 품종을 찾아다니는 마니아 성향의 남성 팬이 주를 이뤘다면, 최근 들어 플라워 숍이나 잡화점, 인테리어 숍 등에서도 활발히 판매하게 되면서 여성 팬이 급증한 것으로 보인다. 그동안에는 '그냥 둬도 잘 자란다'는 잘못된 정보가 퍼진 탓에 키우기에 실패한 사람도 많았을 것이다.

에어플랜트는 건조한 환경에 강하고 기르기도 쉬운 편이라 다른 식물에 비해 손이 많이 가지는 않는다. 그러나 수분을 상당히 좋아하면서도 습기에는 약한 희한한 성질을 갖고 있어, 어느 정도의 키우기 요령은 반드시 필요하다. 또한 생김새가 다양하고 품종에 따라 좋아하는 환경도 조금씩 차이가 있어, 그 품종에 맞는 기르기 방법을 알아두면 보다 건강하게 키울 수 있다.

이 책에서는 알아 두면 좋을 에어플랜트를 기르는 방법과 각 품종의 성질을 파악할 수 있는 도감을 소개한다. 흙이 없어도 키울 수 있으므로 그대로 두고 보는 것만으로도 충분히 즐겁겠지만, 저마다의 매력을 잘 끌어낼 수 있는 장식 방법을 인기 잡화점인 「BROCANTE」의 유키히로 마츠다 씨에게서 소개받았다. 색조가 자연스러워 그 어떤 인테리어에도 잘 어울리며, 다육식물 등 다른 식물과의 조화도 훌륭히 소화해내는 에어플랜트만의 매력을 보다 풍요롭게 즐길 수 있으리라 생각된다.

마음에 쏙 드는 에어플랜트와 함께하는 삶. 그 설레는 시작을 이 책과 함께하길 기대한다.

요시하루 카시마 Yoshiharu Kashima

Part 01

에어플랜트를 기르다

Part 02 에어플랜트로 꾸미다

Part 03 에어플랜트 도감

트튼해서 키우기 쉽다!

에어플랜트의 특징과 매력

물과 바람, 햇빛만 있으면 키울 수 있는 에어플랜트는
흙에 심지 않고 소품처럼 살짝 올려놓을 수 있어서
이색적인 식물 인테리어로 각광받고 있다.
무엇보다도 튼튼해서 키우기 쉬운 에어플랜트의 특징과 매력을 소개한다.

수분을 흡수할 수 있는 잎

에어플랜트는 식물을 공중에 매단 것을 통칭하는 것으로, 주로 중남미를 중심으로 자생하는 틸란드시아가 대표적인 품종이다. 자생지에서는 대부분이 바위나 수목, 선인장 등의 식물에 착생하면서 빗물이나 이슬 같은 수분을 흡수해 자란다. 가장 큰 특징은 잎 자체가 수분을 빨아들인다는 점이다. 잎의 표면에 있는 트리콤(모상돌기)이라는 기관이 그 역할을 한다. 덕분에 일반적인 식물처럼 흙에 심지 않고도 키울 수 있다.

건조에 강하고, 튼튼한 식물

에어플랜트의 자생지는 비가 적게 오는 건조지대부터 고산지대, 열대우림지대 등 다양하다. 기본적으로 가혹한 환경에서도 살아남을 수 있도록 건조함을 견디는 능력을 지녀 여간해서는 시들지 않는다. 사실 원산지에서는 관상의 대상이 아닌 잡초로 취급되며, 처음 한국에 들어왔을 때도 식물이 아닌 화물을 포장하기 위해 넣어두는 완충재로 쓰였다고 한다. 잡초로 취급될 만큼 강하고, 환경에 적응하는 능력도 탁월한 식물인 것이다.

실내용 식물로 최적

화분이나 용기에 심지 않아도 기를 수 있기 때문에, 흙으로 집안을 더럽힐 걱정이 없다. 인테리어나 실내식물로 가장 적합한데, 욕실이나 선반에 올려놓는 것뿐만 아니라, 액자에 끼워 벽을 장식하거나 레일에 연결해 달아 놓는다면 입체적인 감상도 가능하다. 물론 물 주기나 환기는 반드시 필요하지만, 각자의 특징을 잘 살펴주면 크게 신경 쓰지 않고도 가벼운 마음으로 기를 수 있다. 관엽식물이나 다육식물, 드라이플라워와의 궁합도 좋으니 함께 장식해 즐기는 것도 추천한다.

모양도 다양한 이색적 매력

에어플랜트의 매력은 이색적인 모양에서도 발견할 수 있다. 잎의 끝이 불규칙하게 말리는 것이나 로제트rosette형으로 퍼지는 것, 동그란 밤송이 모양으로 자라는 것 등 다양한 형태가 있다. 잎은 얇은 바늘형부터 뾰족뾰족한 잔디형, 부드러운 펠트형 등 실로 다양하다. 엄지손가락만한 크기부터 손바닥만한 사이즈, 눈에 확 들어올 만큼 큰 것도 있어서 기르는 곳과 꾸밀 장소에 맞춰 각자의 개성을 살려 키울 수 있다.

에어플랜트 부위의 명칭

에어플랜트는 종류에 따라 꽃을 피우는 방법, 잎의 색이나 모양도 각자 다르지만,
여기에서는 일반적인 형태를 가진 틸란드시아 제미니플로라(*Tillandsia geminiflora*)로 대략적인 부위를 설명한다.

잎

종류에 따라 잎의 단단함과 부드러움, 질감 등이 다르다. 표면은 물을 빨아들이는 '트리콤'이라는 기관으로 덮여있으며, 그 형태나 양에 따라 잎이 녹색으로 보이는 녹색 잎 타입, 은색으로 보이는 은색 잎 타입으로 나뉜다. 개화 시기(자구가 생기는 시기)에 다른 색을 띠는 품종도 있다.

꽃

일반적으로 꽃이 피면 2~3주간, 길게는 1개월 정도를 즐길 수 있다. 일조량이 변하는 봄, 가을처럼 계절이 변하는 시기에 피거나, 높은 습도가 주는 자극 때문에 여름에 피는 것도 있다. 꽃의 색은 핑크, 빨강, 노랑, 보라 등이며 흰색의 꽃은 거의 없다. 향기가 나는 타입도 있다.

뿌리가 생긴 상태. 바크칩이나 헤고판 등에 고정하면 뿌리는 더욱 빨리 생긴다.

뿌리

수목이나 바위 등에 착생하거나 물이나 양분을 얻는 역할을 한다. 간혹 화원에서 뿌리가 없는 것을 판매하기도 하는데, 성장하면서 뿌리도 함께 생긴다.

꽃줄기

꽃이 달리는 줄기로, 개화할 때 자라난다. 꽃줄기가 길게 뻗는 것, 몇 개로 나뉘어 생겨나는 것, 아주 짧게 자라는 것도 있다.

Part

01

에어플랜트를 기르다

에어플랜트는 손이 덜가는 실내식물이지만, 성장을 위해서는 바람이 잘 통하는 실외 환경이 좋다. 또한 건조한 환경에 강하지만 물을 좋아하는 희한한 특징도 있다. 뿌리가 드러난 겉모습 때문에 그냥 무심히 내버려 두기 쉽지만, 적절하게 관리해 주면 오랜 시간 동안 함께 할 수 있다. 기본적인 성질과 적절한 환경을 파악하고, 기르는 방법과 요령을 익혀보자. 실내에서 기르려고 할 때 도움이 될 것이다.

에어플랜트의 주요 타입

잎의 색은 '은색'과 '녹색'으로 나뉜다.

잎의 표면에는 수분의 흡수를 돕는 '트리콤'이라는 기관이 있다. 이것의 형태나 양에 따라 잎의 색이 달리 보이는데, 크게 은색 잎 타입과 초록색 잎 타입으로 나눌 수 있다. 확실하게 나누기 어려운 종류도 있지만, 필요한 수분이나 햇볕의 양은 파악이 가능하므로 기를 때 참고하자. 은색 잎은 생장이 비교적 느리지만 녹색 잎은 왕성하게 자란다. 형태에 따라 항아리형, 잔디형이라 불리는 것도 있다. 물을 담아두는 기능을 지닌 것은 탱크형이라 부른다.

은색 잎 타입

은색 잎 타입의 대표적 품종인 가드네리. 잎의 앞뒤는 물론 뾰족한 끝에까지 트리콤에 덮여있어 하얗게 보인다.

건조에 강하고, 천천히 성장한다.

트리콤이 발달하여 잎 전체가 희거나 은색으로 보이는 타입이다. 수분을 잘 흡수하므로 건조에 비교적 강한 것이 많다. 또한 녹색 잎 타입과 비교해 볕이 적어도 잘 자라기 때문에, 어두운 환경에도 잘 시들지 않는다. 반면 수분을 잘 흡수하는 만큼 증발하기 쉬운 약점도 있어, 바람이 잘 통하는 환경이 좋다. 실내에서 오랜 기간 즐기고 싶다면 공기가 잘 안 통하는 곳은 피하고, 통풍에 좋은 설치 방법을 알아두는 편이 좋다.

트리콤의 길이나 형태는 품종에 따라 다르다. 사진의 가드네리는 트리콤이 가느다란 벨벳형.

녹색 잎 타입

녹색 잎 타입의 대표 종인 카피타타. 녹색의 잎에서 광택이 나는 것이 특징이다.

밝은 장소에서 쑥쑥 성장한다.

트리콤이 거의 눈에 띄지 않으며, 잎이 전체적으로 녹색으로 보이는 타입이다. 비가 많이 내리는 지역에서 주로 자생하므로 물을 충분히 주면 잘 자란다. 은색 잎 타입보다는 성장이 왕성해서 빠르게 자라는 것을 선호한다면 이 타입을 추천한다. 은색 잎 타입에 비해 밝은 곳을 좋아하지만, 직사광선에 잎이 타버릴 수도 있으니 주의해야 한다. 습기에는 비교적 강해서 테라리엄 등 공기가 잘 통하지 않는 장식도 가능하다. 뿌리 쪽에 가까운 잎이 은색으로 보이더라도 안쪽이 녹색이라면 녹색 잎 타입으로 여긴다.

카피타타 클로즈업. 잎사귀 표면의 트리콤이 거의 보이지 않는다.

이오난사. 줄기 안쪽 부근은 하얗지만 끝으로 갈수록 녹색이다. 트리콤으로 몸통 전체가 덮여있지 않다면, 녹색 잎 타입으로 분류해도 좋다.

형태에 따른 분류

항아리형

뿌리 부근이 부풀어 항아리 모양으로 자라는 종류를 말한다. 줄기 아랫부분에 물이 고이기 쉬워 몸체가 썩어버리는 원인이 되기도 하므로, 물을 준 후에는 거꾸로 세워 잘 털어 주어야 한다. 사진은 셀레리아나. 이외에도 카풋 메두사, 푸루이노사, 불보사 등이 항아리형에 속한다.

잔디형

잔디 식물처럼 잎이 길고 직선으로 뻗은 형태를 말한다. 수분이 금방 증발하는 것들도 많아, 물을 충분히 주어야 한다. 사진은 준세아. 이외에 푸크시, 안드레아나, 필리폴리아 등이 있다.

탱크형

틸란드시아 중에서도 줄기 밑동에 물을 담아두는 구조를 가진 형태다. 잎이 두꺼워 꺾이기 쉽고, 머리가 크고 무거워서 주로 화분에 심긴 상태로 판매된다. 이 타입은 그대로 화분에서 기르는 것을 추천한다. 물을 줄 때는 고인 물을 바꿔준다는 느낌으로 흥건히 뿌려주자. 사진은 네오레겔리아 클로로스틱타

에어플랜트가 좋아하는 환경

바람이 잘 통하는 반그늘을 좋아한다.

북아메리카 남부에서 서인도제도를 거쳐 남아메리카까지 폭넓은 지역에서 자생하고 있는 에어플랜트는 안개가 많은 산지나 건조한 사막지대, 습기가 많은 열대우림 등 자라는 환경은 각양각색이지만 기본적으로 나뭇잎 사이로 햇살이 아른거리는 밝은 장소, 수분과 습기를 얻을 수 있으면서도 통풍이 잘 되는 환경을 좋아한다. 추운 겨울을 제외한다면, 공기가 잘 통하는 실외가 기르기 적합한 환경이라 할 수 있다. 실내에서 기를 때에도 가능한 한 비슷한 환경을 만들어 주는 것이 좋다.

햇볕

포근한 햇볕이 좋다.

대부분의 개체는 자생지에서 큰 나무 등에 착생하고 있기 때문에, 햇살이 드는 포근한 볕이 닿는 곳을 좋아한다. 실외라면 직사광선에 노출되지 않는 처마 밑처럼 차광이 되는 반 그늘진 곳이 적당하다. 집안이라면 커튼 레이스 너머와 같은 포근한 햇볕이 드는 장소에 관엽식물과 함께 두는 것도 추천한다. 차광 커튼처럼 빛을 차단시키는 곳에서는 잘 자라지 않는다.

여름에는 직사광선을 피한다.

봄, 가을, 겨울은 비교적 강한 볕을 쬐어도 문제없지만, 커튼을 열어둔 채 여름의 강렬한 직사광선에 그대로 노출시킨다면 열기에 약한 잎이 타버리는 원인이 되므로 주의해야 한다. 기본적으로 햇볕을 좋아하는 품종이 대부분이지만, 몇몇은 볕이 약한 곳에서 기를 수 있는 것도 있다. 도감에 기재되어 있는 정보를 참조하자.

통풍

자연 바람을 좋아한다.

햇볕과 마찬가지로 중요한 것이 통풍이다. 에어플랜트는 다육식물보다도 실내 환경에 잘 적응해서 집안에서도 오랜 기간을 견딜 수 있지만, 그러지 못하는 이유는 대부분 공기의 순환이 원활하지 않아서다. 에어플랜트는 잎에 수분이 오래 남아있는 상태를 싫어해서, 물을 주고 반나절 정도가 지나면 수분이 증발되는 상태가 가장 이상적이다. 자연적으로 바람이 통하는 실외에 두었다면 걱정할 필요가 없지만, 실내에서 기를 때에는 1일 1회, 30분 이상은 창을 열어 환기하고 자연 바람을 쏘여 준다(p.20 참조). 통풍이 잘 되지 않는 환경이라면 실내에 두었다가도 잠시 실외에 내놓는 방법으로 대응해야 한다. 며칠간 집을 비워야 할 경우라면 외출 전 실외로 옮겨 놓는 것이 좋다.

물

사실은 물을 매우 좋아한다.

에어플랜트는 건조한 환경에 강하다고는 하나 본래는 물을 좋아하는 식물이다. 잎으로도 수분을 흡수하기 때문에 종류에 따라서는 오랜 기간 물 없이도 견딜 수 있으나, 봄부터 가을까지는 매일 한 번씩 분무기나 물뿌리개로 물을 흥건히 주자. 겨울을 제외하고 물을 주는 시간대는 저녁부터 밤까지가 좋다. 자연의 상태에서 에어플랜트는 밤안개와 이슬 때문에 습도가 높은 곳에서 살아가며, 숨구멍을 밤에 여는 성질이 있기 때문이다. 비를 맞아도 상관없지만, 겨울철의 밤 시간 동안에 묻은 물이 차가워져 식물을 상하게 할 수 있으니, 주 1~2회 정도로 아침에 물을 주자. 건조하고 따뜻한 집안일 경우에는 주에 2회 이상 물을 준다.

에어플랜트의 성장주기

천천히 성장하고, 자구를 만든다.

에어플랜트가 성장하는 기간은 주로 봄부터 가을에 걸쳐서다. 기온이 내려가면 성장도 느려진다. 다른 식물보다도 훨씬 천천히 성장하며, 작은 식물이라 해도 1~2년, 혹은 수년에 걸쳐 조금씩 성숙한다. 꽃눈이 생기고 자구가 생겼다면 세대교체 시기다. 꽃을 피우고 나면 모주는 자구에게 양분을 주는 역할을 끝내고, 다음 세대에게 생명을 물려준다. 크게 빨리 키우고 싶다면, 헤고판이나 유목에 뿌리를 내리게 하는 (p.23 참조) 방법을 적용하면 효과적이다.

구입할 때

몸통이 전체적으로 동그랗게 부풀어 있고, 잎에서 윤기가 나는 것을 고른다(p.20 참조). 판매점에서 늘어놓은 대부분이 뿌리를 내리지 않은 것일 테지만 걱정할 필요는 없다.

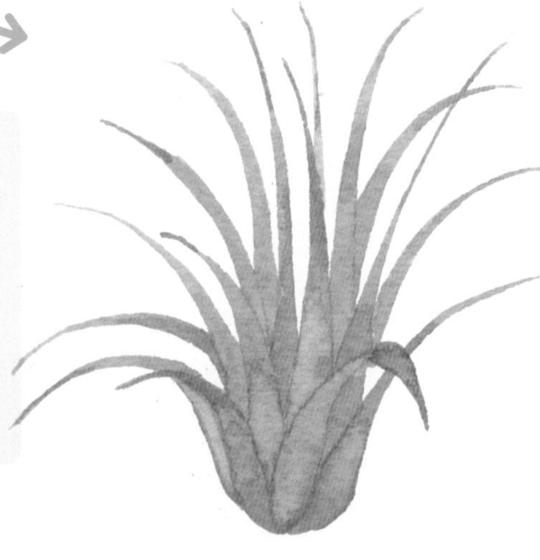

조금씩 성장한다.

몇몇 아주 적은 품종만이 크게 자라는데, 1년 정도가 지나야 한 폭 정도가 커진다. 봄부터 초여름까지가 성장기로 한여름에는 더위 때문에 성장이 더디지만, 여름이 끝날 무렵부터 가을에 걸쳐 다시 왕성하게 성장한다. 기온이 떨어지는 가을 중반에서 겨울에 걸쳐서는 성장이 완만해진다.

꽃 피우기

성장이 빠른 품종의 경우 1~2년 정도 지나면 환절기(일조량의 변화)나 고습에 의한 자극으로 꽃눈이 생긴다. 개화는 주로 봄부터 가을. 꽃이 필 때까지 꽤나 시간이 걸리는 것도 있는데, 품종과 개체마다 다르다. 대부분 모주가 꽃을 피우는 것은 일생에 한 번뿐이다.

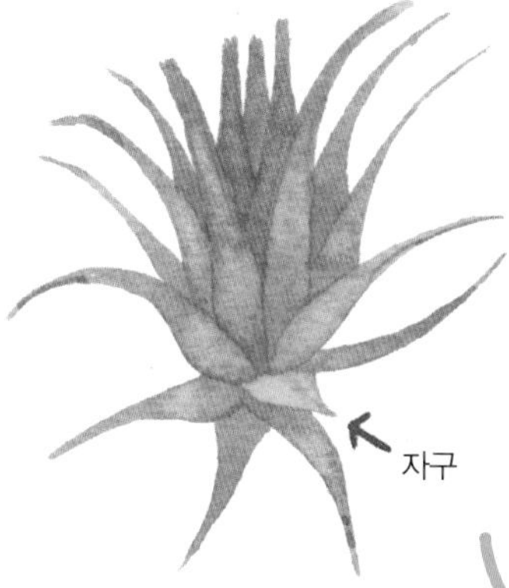

자구 만들기

보통 꽃눈이 필 때 즈음 1~2개의 자구가 생긴다. 대부분의 품종은 몸통 줄기의 아래쪽에 자구가 만들어지는데, 꽃줄기에 생기거나(p.24 참조) 몸통 줄기와 꽃줄기 양쪽 모두에 생기는 것도 있다. 환경이 좋은 곳에서 자라나 강한 생명력을 지닌 개체라면, 꽃을 피우기도 전에 자구를 만드는 경우도 있다.

자구를 떼어내 새로운 식물 만들기

자구가 모주의 3분의 1 정도의 크기로 자랐다면, 충분한 영양을 공급받았다는 증거이므로 모주에서 떼어낸다(p.22 참조).

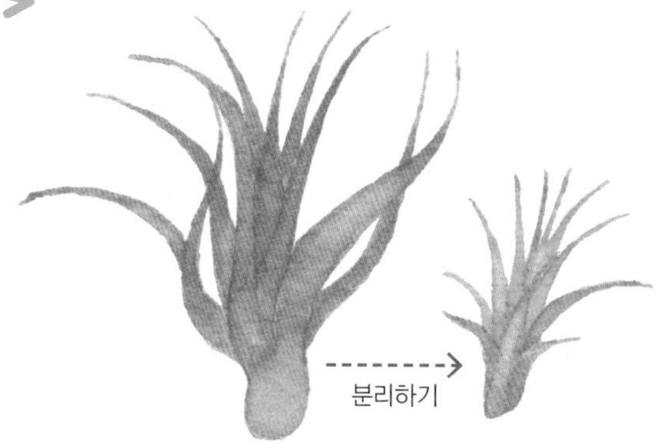

모주가 시듦

자구에게 영양분을 건네준 모주는 서서히 약해진다. 제 역할을 다 한 모주는 3개월에서 반년 정도가 지나면 노랗게 변하다가 결국 갈색으로 변색하여 관상기간을 끝낸다. 일부 듀라티처럼 꽃을 피운 뒤에도 모주의 형태가 변함없이 1~2년까지 이어지는 품종이나, 개체 자체가 건강해서 몇 번이고 꽃을 피우는 것도 있다.

에어플랜트 기르기

준비할 도구와 재료

필수품

에어플랜트를 구입했다면, 제일 먼저 준비해야 할 것은 물을 주기 위한 도구다.

❶ **분무기**
매일의 물 주기에 사용한다. 기르는 식물의 수가 적을 때 편리하다(p.22 참조).

❷ **물뿌리개**
실외에서 기를 때 사용한다. 식물 수가 많을 때도 추천한다.

❸ **양동이**
에어플랜트가 건조해졌을 경우, 장시간 물에 담가둘 필요가 있을 때 사용한다(p.22 참조).

있으면 편리한 것

❶ **와이어**
에어플랜트를 판자 등에 고정하거나 높은 곳에 걸어 둘 때 사용한다.

❷ **화장석**
크기는 다양하다. 용기 밑에 깔거나 테라리움 안에 넣어두고 에어플랜트를 올려놓으면 더욱 빛을 발한다.

❸ **물이끼**
물이끼를 건조한 것으로 통기성과 보습성이 있다. 그 위에 식물을 올려놓기도 하고 유목 등에 고정할 때 쿠션 역할로 사용하기도 한다. 보다 원활한 배수를 위해서는 건조된 생이끼도 좋다.

❹ **핀셋**
시든 잎을 제거할 때나, 세밀한 디스플레이 작업을 할 때 필요하다.

❺ **가위**
꺾인 잎사귀 끝이나 꽃잎을 자를 때 필요하다.

뿌리내리기를 할 때 필요한 것

뿌리가 수분과 영양분을 흡수하여 빨리 성장할 수 있도록 뿌리를 고정하여 착생시키기 위한 아이템이다(p.23 참조).

❶ **헤고판**
나무고사리의 뿌리가 모인 줄기를 판의 모양이나 봉 형태로 만든 것으로 통기성이 좋고 잘 물러지지 않는다.

❷ **바크칩**
소나무 등의 나무껍질을 부수어 칩 형태로 만든 것이다. 크기는 다양하다.

❸ **유목**
와일드한 분위기를 연출할 수 있다. 크기가 작은 것은 내추럴한 분위기의 연출도 가능하다.

❹ **코르크**
참나무의 껍질이다. 표면이 자잘하게 울퉁불퉁해서 뿌리가 붙어있기 좋은 소재다.

화분 심기가 가능한 타입에 필요한 것

에어플랜트 중에서도 물을 좋아하는 타입은 화분에 심을 수 있는 품종이 있다. 탱크형도 화분에서 기를 수 있다.

❶ **화분**
화분은 초벌구이를 한 토기는 물론, 플라스틱도 좋다. 화분이 너무 크면 뿌리가 썩기도 하므로 구입할 때 적당한 크기를 고른 후 성장에 맞춰 조금씩 큰 것으로 바꾼다.

❷ **바크칩(왼쪽)과 경석(오른쪽)**
바크칩과 경석을 1:1로 혼합한 배양토를 사용한다. 이것은 배수에 좋고 적당한 보습을 유지해 준다. 서양란용의 배양토를 사용해도 좋다.

에어플랜트에 맞지 않는 것

일반적인 화초용 배양토는 좋지 않다. 흙과 접한 부분부터 물컹해지면서 썩어버리기 쉽기 때문이다. 코코넛야자 파이버coconut palm fiber는 가볍기 때문에 통기성은 좋지만, 일단 물이 닿으면 의외로 잘 마르지 않는 단점이 있다. 또한 털이 길어 에어플랜트에 닿는 면이 많아져 통기성이 나쁘다.

모종과 품종 선택의 포인트

수분을 충분히 머금어 몸 전체가 부풀어 오른 것을 선택한다. 수분을 품은 건강한 모종은 탱탱하고 윤기가 있어 손에 얹으면 무게가 느껴진다. 모양이 정돈된 상태로 중심부 잎이 생생한 것도 좋다. 잎이 접혀 있거나 모양이 흐트러진 것은 되도록 피한다. 다양한 에어플랜트 중에서도 에어플랜트 도감(p.56~75)에서 소개하는 품종은 쉬워 초보자가 기르기 쉽다. 하지만 해당 품종이 항상 시장에 있다는 보장은 없으므로 예쁘다고 느껴지는 것, 마음에 드는 것을 고르는 것이 우선이다.

○

몸 전체가 불룩하게 수분을 듬뿍 머금고 있다. 사진은 파우시폴리아.

○

바깥쪽 잎이 일조량 부족으로 약간 벌어져 있지만, 중심에 난 새싹의 색감이 좋다. 사진은 이오난사.

○

새싹이 위로 향해 있고, 가운데 잎의 양이 많다. 사진은 안드레아나.

△

잎이 누렇게 뜨거나 몸통이 접힌 것은 그다지 좋지 않다. 사진은 익시오이데스.

구입 후에 해야 할 일

구입 후에는 물 주기만으로 충분하다. 다른 식물처럼 옮겨 심을 필요가 없다. 분무기나 물뿌리개를 이용해서 물을 충분히 주자. 분무기가 없다고 해서 수도꼭지에 대고 직접 수돗물을 쏟는 거친 물 주기는 절대 금지다. 강한 물줄기에 잎의 표면을 덮고 있는 솜털처럼 연약한 트리콤이 떨어져 나갈 위험이 있기 때문이다. 화분 심기에 용이한 탱크형도 구입 후에 특별히 손이 갈 일은 없다. 만일 화분갈이를 하고자 한다면, 4~5월이 적기다.

계절에 따른 관리 장소

에어플랜트가 좋아하는 환경(p.14~15 참조)에서 소개했듯이, 에어플랜트는 바람이 잘 통하고 햇볕이 잘 드는 곳을 좋아한다. 기르기 좋은 장소와 계절에 따라 주의해야 할 포인트를 소개한다.

봄 · 가을

식물의 대사가 가장 활발하고 성장하는 계절이다. 집안을 최상의 건강한 그린 인테리어로 꾸밀 수 있는 최적의 계절이기도 하다.
물을 충분히 주면서 기르자. 필요한 일조량은 품종에 따라 다르지만, 어두운 곳에서 견딜 수 있는 성질을 지닌 것이라 할지라도 기본적으로는 밝은 곳을 좋아한다. 이 계절에는 다소 강한 볕을 쬐어 주어도 약해지지는 않는다.
바람이 통하는 곳이라면 서랍장이나 물건 위에 놓아두어도 잘 자라지만, 그물과 같은 네트 형태의 지지대에 올려두면 몸체가 닿는 면이 시드는 것을 막을 수 있어 더욱 좋다. 천장에 매달아 아래로 늘어뜨리는 방법도 습기에 무르지 않게 하는 예방법으로 추천한다. 환경 조건이 비슷하므로 관엽식물의 가지에 매달거나 감아서 함께 기르는 것도 좋은 방법이다.
만일 바람이 잘 통하지 않는 공간에서 기르고 있다면, 정기적으로 외부 공기를 통하게 해 주는 것이 중요하다. 기온이 30℃ 이상 오르는 실외라면, 시원한 곳이나 그늘진 곳으로 이동시켜야 한다. 비를 맞아도 문제는 없다.

여름

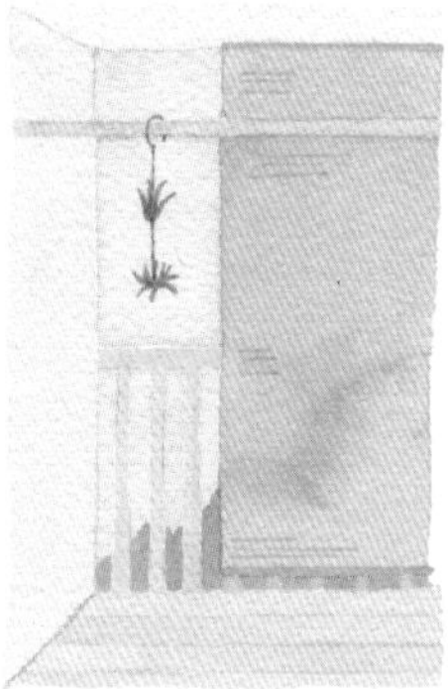

고온의 환경을 좋아하는 에어플랜트는 여름에 잘 자라지만, 반드시 바람이 잘 통해야 한다는 전제조건이 붙는다. 습도가 매우 높은 고온의 환경이라면, 에어플랜트는 금방 약해진다. 한여름에 문이 닫힌 집안에 한나절 정도 방치하는 것만으로도 큰 타격을 받을 수 있다. 따라서 이 계절에는 집안의 인테리어를 위한 역할을 잠시 포기하고 식물이 쉬어가는 시기로 생각하는 것이 좋겠다.
하루 종일 집을 비울 경우에는 실외의 볕이 들지 않는 처마 아래나, 되도록 북쪽에 위치한 선선한 곳에 놓아둔다. 또한 강한 햇볕은 몸체를 연약하게 만들고, 잎을 태울 수 있으므로 피해야 한다. 베란다라면 차광 발 등을 걸어 그늘을 만들어 주거나 빨래건조대에 세탁물을 널 듯 걸어 두는 것도 좋다. 에어컨의 바람구멍과 가까운 곳은 지나치게 건조할 수 있으니 피한다.

겨울

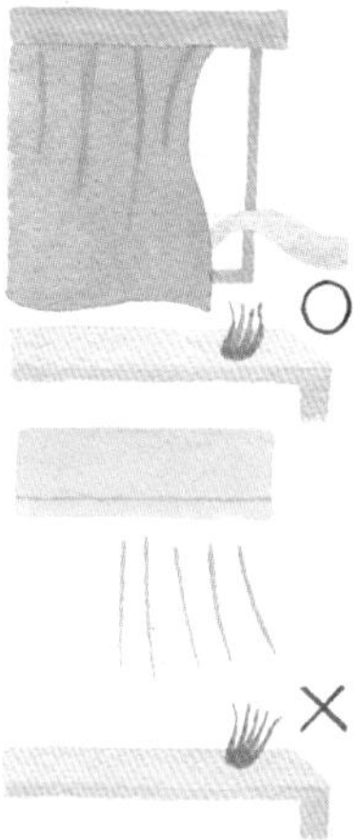

기온이 내려가면서 성장이 완만해지는 계절이다. 실외에 내다 놓았던 에어플랜트도 최저기온이 7~8℃를 밑돌게 되면 실내로 들여와 커튼 안쪽의 볕이 잘 드는 곳에 놓아둔다. 실외에 계속 둔다고 해서 금방 시들지는 않지만, 비를 맞도록 그냥 두는 것은 절대 금물이다.
실내에서도 온풍기에서 나오는 바람이 직접 닿는 곳은 피해야 한다. 너무 건조해졌다 싶을 때는 가습기를 틀거나 물이끼를 깔아 그 위에 에어플랜트를 올려놓은 방법을 이용하고, 판자 등에 뿌리를 내린 것이라면 받히고 있는 부분을 적셔 주변으로부터 습기를 보충할 수 있게 한다. 또한 하루에 한 번은 따뜻한 시간대에 맞춘 환기를 통해 자연풍을 맞도록 해준다.
겨울을 넘기려면 최저기온이 10℃ 이상은 되어야 하는 세로그라피카나 스트렙토필라 등은 몸이 차가워지면 썩을 위험이 있다. 물 주기 후에는 거꾸로 세워 잘 털어서 중심 쪽에 물이 남아있지 않도록 주의한다.

일상의 관리

물 주기

봄부터 가을까지는 1일 1회 저녁에 물을 준다. 분무기로 준다면 10회 정도 물이 방울질 때까지 뿜는다. 잎의 앞뒤 양면에 물을 주었다면 몸체를 거꾸로 들어 흔들어서 여분의 물을 털어준다. 잎과 잎 사이에 물이 고인 채로 두면, 여름에는 수온이 올라 물러지고, 겨울에는 물이 얼어 몸체가 상할 수 있다.
가장 좋은 상태는 저녁에 물을 주었다면, 다음날 오전 중에 몸체 표면이 마른 느낌이 드는 정도일 때다. 물이 마르는 데 시간이 걸릴 것 같다면 물 주기의 횟수를 2~3일에 1회로 줄여보고 상태를 지켜본다. 15시간 이상 표면이 젖은 채로 있는 것은 좋지 않다.
에어플랜트는 저녁부터 아침에 걸쳐 숨구멍을 열기 때문에 저녁에 물을 주면 숨을 잘 쉰다. 그러나 겨울철은 물이 차가워지기 때문에 오전 중에 물을 준다. 겨울철 물 주기는 주 1회 정도가 좋고, 건조한 상태에 따라 적당한 양을 조절한다.

물을 주기 쉬운 곳은 베란다나 싱크대. 몸체를 손에 들고 우선, 잎의 중심부에 물을 뿜어 준다. 물방울이 떨어질 만큼 충분히 준다.
몸체의 안쪽이나 뿌리 부근에도 골고루 물을 뿌린다. 충분히 물을 주었다면 몸체를 거꾸로 해서 몇 회 흔들어 물을 털어낸다.

몸체가 전부 잠길 수 있는 큰 양동이를 이용한다. 잎이 구부러지기 쉬우므로 큰 개체라면 하나씩 넣어 주고, 되도록 잎이 상하지 않도록 주의한다.

소킹Soaking

소킹이란 물을 담은 양동이에 식물을 담가 물을 흡수시키는 방법을 말한다. 이것은 식물에 수분이 전부 빠졌을 때 하는 비상수단이다. 매일의 물 주기가 제대로 됐을 때는 필요치 않다. 여행 등으로 장기간 물을 주지 못했을 때, 잎이 접힐 정도로 몸체가 무너졌다는 느낌이 들 경우에만 사용한다. 대략 5~6시간 정도만 담근 후에 꺼내면 된다. 겨울철에 물이 너무 차가우면 식물이 질식사하는 경우도 있으니 상태를 살펴 조절하자. 유목 등에 고정되어 있는 경우에는 고정된 유목을 소킹해 준다.

환기

찜통 같은 열기에 약한 에어플랜트를 실내에서 기르려면 창을 열어 둔 환경이 이상적이다. 그러나 실제로 계속 열어 둘 수는 없기 때문에 적어도 하루에 한 번, 30분은 환기한다는 마음가짐이 중요하다. 자연 바람은 적당한 습도까지 머금고 있어 식물에게는 최상이다.
통풍이 잘 안 되는 곳에 둔 경우에는, 정기적으로 실외로 옮겨야 생생하게 유지할 수 있다. 닫힌 실내에 줄곧 방치해 몸체가 약해졌다면, 최소 1주일간은 직사광선이 들지 않는 실외로 옮겨 다시 회복시켜 주어야 한다.

비료

에어플랜트는 기본적으로 비료 없이도 잘 자라는 식물이다. 그러나 잎의 윤기를 살리고, 빨리 자라게 하고 싶다면 사용하는 것이 좋을 때도 있다. 관엽식물용 액체 비료를 1000분의 1 정도의 농도로 희석한 다음, 분무기로 뿌려주면 되는데 월 1회, 4~10월 사이의 성장기에 실시한다. 겨울에는 필요 없다. 비료 주기는 반드시 식물이 통통하고 건강한 상태일 때만 실행하고, 몸체가 건조하거나 약해지는 조짐이 보일 때는 멈춰야 한다. 또한 비료를 너무 잦게 주면 부작용이 생길 수도 있으니 유의한다.

꽃이 피면

에어플랜트는 몸체가 완전히 성숙해지지 않으면 꽃눈이 생기지 않는다. 그래서 1년 만에 꽃을 피우는 것이 있는가 하면, 수년이 걸리도록 개화하지 않는 것도 있다.

개화기는 정해져 있지 않지만 봄과 가을이 많고, 한 번 꽃을 피우면 2주에서 1개월까지 아름다운 상태를 유지한다. 꽃의 색은 주로 빨강, 노랑, 핑크, 보라색 등이 있으며 매우 화려하다. 개화를 위해서는 많은 에너지가 소모된다. 그러니 꽃을 긴 시간 감상하고 싶다면 곧바로 자르지 않아도 되지만, 꽃이 피는 기간에 함께 자라야 하는 자구의 성장을 우선시하고 싶다면 꽃줄기의 뿌리 부근부터 빨리 떼어내도록 한다. 꽃줄기가 자라고 있는 도중에 자구가 생기는 타입이라면, 바로 떼어내지 않고 자구가 생길 때까지 기다린다.

사진의 푸루이노사(통상적인 색은 p.73 참조)처럼, 꽃눈이 생길 때쯤 색조가 드러나는 품종도 있다.

꽃눈이 생길 때쯤 자구가 생겨난다. 개화 후, 모주는 자구에게 양분을 나눠주다가 반년 정도 지나면 시든다.

꽃잎은 꽃줄기의 뿌리부터 가위로 잘라준다. 사진은 클럼프clump형(p.24 참조)으로 자란 스트릭타로, 피는 꽃의 수는 개체마다 차이가 있다.

꽃을 즐기고 싶다면

본래의 품종이 무엇이냐에 따라 꽃을 피우는 정도의 차이가 있다. 이오난사, 스트릭타, 불보사, 애란토스, 제미니플로라(사진) 등을 추천한다. 개화의 여부는 환경과 개체의 성숙도에 의해 결정되므로 꽃을 피게 할 뾰족한 대책은 없다. 그러나 잎의 색이 변하더라도 햇볕을 잘 쬐어주면서 기르면 개화가 빨라지는 경향은 있다.

포기나누기

에어플랜트는 자구가 생기면 모주는 천천히 시들기 시작한다. 따라서 적당한 시기에 자구를 떼어내 새로운 식물로 독립시켜야 한다. 자구가 채 자라지 않은 상태에서 모주로부터 떼어내면 영양분을 충분히 공급받지 못하므로 모주의 3분의 1 정도로 성장한 후에 떼어낸다.

1 줄기 밑동에 자구가 생긴 브락치카울로스

2 가볍게 손에 힘을 주어 자구를 모주에서 떼어낸다. 포기나누기의 시기란 따로 정해진 것이 없으니 언제나 가능하다.

3 모주(좌)와 자구(우). 모주는 통상 꽃을 피운 후 반년에서 1년 정도가 지나면 시들지만, 여력이 있는 개체는 몇 회 더 자구를 만들기도 한다.

대부분은 몸통 줄기의 아래에 자구가 생기지만, 품종에 따라 꽃줄기의 아래에 자구가 생기는 종류도 있다. 사진은 스트릭타.

클럼프 상태인 베르게리.

클럼프clump

품종에 따라 자구가 한 번에 많이 생기는 것이 있는데, 자구가 덩굴처럼 가득 자란 상태를 클럼프라고 한다. 이러한 모양을 선호할지라도 습기에 물러지기 쉽기 때문에 성장을 위해서는 포기나누기를 해 주는 것이 좋다. 클럼프 상태인 채로 두고 싶다면, 핀셋이나 가위로 중앙 부분에 있는 모주의 시든 잎을 잘라내 주면서 되도록 물러지는 원인을 제거하고 통풍이 잘되는 장소에 둔다.

병충해 돌보기

큰 피해를 주지는 않겠지만, 잎진드기나 깍지벌레에 주의하자. 양쪽 모두 물 주기를 제대로 하지 않은 건조한 환경에서 증가한다. 깍지벌레는 잎의 사이사이나 뿌리가 시작되는 부분에 많이 발생한다. 잎진드기가 즙을 빨고 난 후에는 잎 전체에 검은 돌기가 오돌토돌 퍼져 보기에 좋지 않다. 특히 브락치카울로스나 카피타타 등에 잘 생긴다. 정기적으로 물을 주고 적절한 습도를 유지하는 것으로 개선할 수는 있다.

뿌리내려 키우기

경석이나 바크칩 위에 굴리듯 올려놓는 것만으로도 잘 자라는 에어플랜트지만, 수목 등에 착생해 자라는 자생지의 환경과 비슷하게 만들면 끈기가 생겨 보다 크기를 빨리 키울 수 있다. 바크칩이나 헤고판, 유목 등에 고정시킨 식물는 3개월 정도만 지나면 뿌리를 내린다.

송곳 등으로 지지대(사진은 바크칩)에 와이어가 들어갈 구멍을 뚫는다. 바크칩은 단단해서 갈라지기 쉬우므로 조금씩 힘을 주는 것이 좋다.

몸통 줄기 주변의 시든 잎 등을 떼어낸 후 물이끼를 돌려 감는다. 물이끼는 몸체가 와이어에 상처받지 않도록 하는 쿠션 역할을 한다.

몸통 줄기 위의 물이끼를 누르듯 하면서 와이어로 돌려 감싼다.

지지대에 뚫어 놓은 구멍으로 와이어를 통과시켜 지지대와 와이어를 고정한다. 물이끼가 부슬부슬 떨어지더라도 나중에 다시 보충할 수 있다.

지지대의 뒷면. 와이어는 헐겁지 않게 단단히 감아 고정한다.

완성. 시간이 지나면서 에어플랜트의 뿌리가 자라나 바크칩의 표면에 달라붙는다. 분무기 등으로 뿌리를 포함한 몸 전체에 물을 준다.

화분 심기가 가능한 품종일 경우

탱크형(p.13 참조)은 대부분이 화분에 심어 판매하므로 그대로 기른다. 또한 뿌리만 난 채로 판매되는 것도 화분에 심어주면 빨리 자라기도 한다(p.56~87의 에어플랜트 도감에서 소개). 화분 심기를 할 경우에는 오른쪽의 요령으로 심어준다. 분갈이도 같은 방법으로 하고, 적기는 4~5월이다.

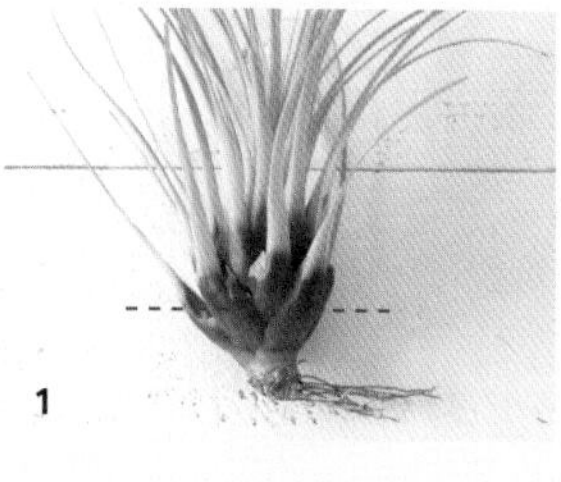

습기에 물러지지 않도록 얕게 심는다. 흙의 높이는 사진의 점선 아랫부분이 묻힐 만큼만 한다.

경석과 바크칩을 1:1의 비율로 섞어 배양토(p.19 참조)에 심는다. 화분에 뿌리가 꽉 차는 것을 방지하기 위해 1년에 1회, 화분 갈이를 하는 것이 좋다.

예측하지 못한 황색신호

이럴 땐 어떡하지? Q & A

건강하고 생생한 모습을 즐기고 싶은 에어플랜트지만, 가끔 잎에 난 상처으로 문제로 몸체가 약해질까 염려가 되기도 한다. 자주 있는 질문과 대책을 Q&A로 정리했다.

잎이 부러진 상태. 신경이 쓰인다면 부러진 부분을 가위로 자른다.

Q 잎사귀 끝이 부러져 상처가 났습니다. 내버려두어도 문제없을까요?

A 문제는 없습니다만 신경이 쓰인다면 가위로 자릅시다.

에어플랜트는 식물끼리의 부딪침에 의해 잎이 부러지거나 잎사귀 표면에 상처가 나는 일이 종종 있다. 그러나 성장에는 문제가 되지 않는다. 외견이 마음에 들지 않을 경우에는 가위 등으로 자른다. 줄기식물의 줄기가 2개로 갈라진 경우에도 몸통 줄기나 잎사귀 둘다 시드는 일은 거의 없다. 단, 듀라티(p.69)같은 대형 종은 생장점을 잃은 쪽은 말라버리니 주의하자. 혹은 갈라진 부분에서 자구가 생기는 경우도 있다.

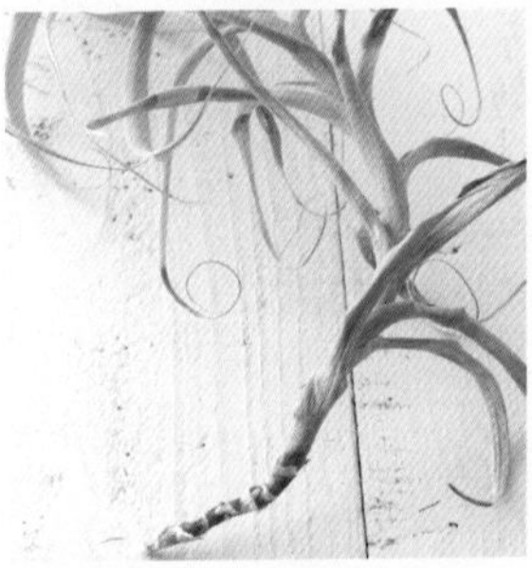

줄기가 잘 자란 라티폴리아. 시든 잎은 뿌리부터 가위로 자른다. 부드러운 잎은 손으로도 뗄 수 있다.

Q 몸체의 바깥쪽부터 전체적으로 갈색으로 변해 버렸습니다. 이미 시들어 버린 걸까요?

A 외부가 조금 시들었다 해도 중심부가 녹색이라면 살아 있는 것입니다.

로제트형을 포함한 줄기식물은 아래쪽 잎이나 바깥쪽 잎이 시들면서 크게 자란다. 이는 다육식물과 비슷하다. 바깥쪽 잎이 시들었어도 중심부와 생장점에 가까운 잎들이 녹색으로 생생하다면 문제가 없다. 단지 외견이 그다지 아름답지 않기 때문에 시든 잎은 뿌리 쪽부터 가위로 잘라낸다. 물러짐 방지에도 도움이 된다.

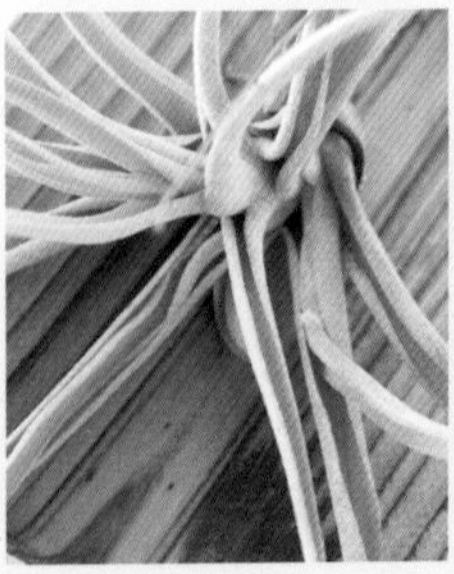

말라가고 있는 브락치카울로스(좌)와 싱싱한 브락치카울로스(우)

Q 잎이 안쪽으로 돌돌 말렸습니다. 어떡하면 좋을까요?

A 말라가는 중입니다. 소킹으로 대응합시다.

품종에 따라서는 잎이 원래부터 안쪽으로 말린 것도 있지만, 구입했을 때보다 잎이 안쪽으로 더 말린 경우라면 목마름의 신호다. 왼쪽 사진과 같은 잎의 상태라면 틀림없는 물 부족이다. 이렇게 된 식물은 손 위에 올려놓으면 몸 전체의 수분이 빠진 듯 가벼운 느낌이 들 것이다. 대책으로는 p.20을 참고하여 소킹한다. 겨울에는 추위에 상하지 않도록 상태를 보면서 실행하자.

Q 텍토름의 트리콤 양이 줄어들어 미관상 보기에 좋지 않습니다. 원래의 풍성한 상태로 돌아가려면 어떻게 하면 될까요?

A 트리콤이 많은 품종은 물을 적게 주는 편이 좋을 수 있습니다.

텍토름(p.68)은 본래 건조지대에서 자생하는 품종이기 때문에 적은 수분을 효율적으로 저장하기 위해 솜털처럼 생긴 트리콤이 길게 자란다. 이 풍성한 털로 감싸인 모습이 인기의 비결이기도 하다. 하지만 물을 너무 자주 주면 트리콤이 제 역할을 할 수 없게 되어, 새로 나는 싹은 트리콤이 적거나 짧아지게 된다. 대책은 물 주기의 횟수를 줄이는 것이다. 기본적으로 트리콤이 많은 은색 잎 타입 중에서도 이와 같은 현상이 일어나는 것은 텍토름 정도일 뿐, 거의 대부분은 물을 좋아한다. 품종에 맞게 관리하자.

트리콤 수가 줄고, 짧아진 개체(좌)와 풍성한 개체(우)

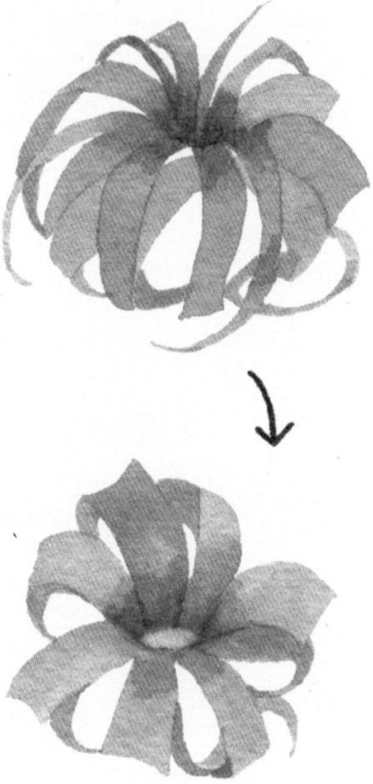

Q 세로그라피카의 중심부가 휑하니 빠져버렸습니다. 대책이 있을까요?

A 안타깝지만, 생장점이 죽었다면 회복할 수 없습니다.

세로그라피카(p.63)처럼 중심부(생장점이 있는 곳)에 물이 고이기 쉬운 구조인 에어플랜트는 물을 준 후에는 거꾸로 세워 물을 털어내야 한다. 그렇지 않으면 중심 부분이 물컹해지거나 혹은 물 때문에 몸체가 썩는다. 중심 부분의 잎을 만져봤을 때 덜렁거린다면 회복할 가능성이 적은 상태다. 물 주기를 할 때마다 물을 잘 털어주는 것이 가장 좋은 대책이다. 스트렙토필라(p.67)나 셀레리아나(p.68) 등 잎이 밀집되어 쌓이는 품종, 항아리형처럼 물이 고이기 쉬운 품종도 마찬가지로 신경을 써야 한다.

Q 잎이 검게 변색되었습니다. 원인이 무엇일까요?

A 물러짐에 의한 변색입니다. 통풍이 잘되는 곳에 두어야 합니다.

잎이 검게 변해 버린 경우는 습기에 물러진 것이 원인이다. 여행 등으로 장기간 문을 닫아 둔 집안에 두었을 경우 일어나기 쉽다. 특히 습기가 높은 여름철에 잘 발생한다. 중심의 녹색 부분이 아직 건강하다면 회복할 수 있으니, 곧바로 바람이 잘 통하는 실외로 옮겨놓고 관리하자. 변색한 잎은 원래로는 돌아가지 않는다. 물은 평소와 같이 주어도 좋다.

Column

더욱 알고 싶은 에어플랜트

원산지와 국내에서 다른 취급을 받는 에어플랜트

원산지에서 에어플랜트는 잡초처럼 취급된다. 쇠별꽃이나 왕바랭이처럼 번식력이 강하고 어디서든 볼 수 있기 때문에 감상의 대상이 아니었다. 예를 들어 수염틸란드시아(p.60)는 지금은 원예점이나 화원에서 활발히 유통되고 패션이나 잡화점의 디스플레이용으로도 자주 이용되지만, 처음에는 완충재로 수입된 것이었다.

이러한 에어플랜트는 미국이나 유럽보다 한국, 중국, 일본에서 인기가 높다. 10년 전쯤 일본에서는 에어플랜트 붐이 일었으나 당시에는 물을 주지 않아도 된다는 잘못된 정보가 퍼져 식물을 말려 죽인 사람들이 많아 그 열기가 금방 식었다. 정확한 관리방법이 널리 알려지고 진귀한 품종도 늘어난 지금, 무게가 가벼워 천장이나 벽면에 매달거나 공간을 입체적으로 장식할 수 있는 에어플랜트는 실내에서도 즐길 수 식물로 새롭게 각광받고 있다.

자생지에서는 대다수가 나무 등에 착생해 자라며, 적은 뿌리로 휘감아 단단히 붙어있다. 사진은 이오난사.

둥글게 말려 있는 것은 태양을 향해 자란다는 증거

판매점에 가보면, ㄱ자나 U자형으로 말린 에어플랜트를 볼 수 있다. ㄱ자의 대부분은 태양을 향해 자란 결과로 줄기식물에서 흔히 볼 수 있는 모양이다. U자형인 것의 대부분은 매달아 아래로 늘어뜨렸던 방향을 중간에 바꿨기 때문에 생긴 현상이다. 양쪽 모두 똑바로 자라는 에어플랜트의 생장점을 아래 방향으로 늘어뜨려 달아 두면, 생장점은 계속 위쪽을 향하기 때문에 U자 모양으로 말리게 되는 것이다. 특히 듀라티(p.69)와 같은 대형 품종이 줄기를 자유자재로 늘려 뻗은 모습은 실로 역동적이다. 일설에는 자생지에서 햇볕이나 바람을 효율적으로 얻기 위해 나무를 잘 휘감고 있기 위해 줄기와 잎을 둥글게 마는 성질이 몸에 배었다고도 전해진다. 독특한 모양의 에어플랜트를 즐기고 싶다면, 위와 같은 성질을 잘 이용해 보자.

U자형으로 말려있는 aff. 듀라티

에어플랜트의 다양한 이름

짧은 기간 동안 수많은 품종이 수입되었기 때문에 에어플랜트 품종에 대한 표기법은 정확히 확립되어 있지 않다. 따라서 품종명 뒤에 원산지명을 붙이거나, '○○형'과 같이 연상하기 쉬운 특징적인 형태를 이름에 붙여 유통하는 경우가 많다.

예를 들면, 이오난사(p.59)는 크게 나눠 과테말라와 멕시코, 두 곳이 원산지다. 과테말라에서 수입된 것이 많기 때문에 가격이 보다 저렴하다. 가끔 품종 자체가 보기 드문 진귀한 특징을 지닌 것도 등장하는데, 긴 이름을 가진 것을 만난다면 판매처의 전문가에게 물어보는 것이 좋다.

국내의 판매점에서는 수입한 모종을 일단 하우스에서 양생한 후에 판매하는데, 최근에는 생산량이 인기를 따라오지 못하는 상황이다. 여러 품종과 만날 기회가 적은 것이다. 그러니 마음에 드는 품종을 만났다면 재빨리 손에 넣자.

Part

02

에어플랜트로 꾸미다

이 장에서는 흙 없이도 손쉽게 기를 수 있는 에어플랜트만의 꾸밈 아이디어를 소개한다. 현관이나 거실 등 공간에 어울리는 에어플랜트 꾸미기에 대한 팁과 사례들을 담았고, 특히 좋아하는 품종을 섞어 인테리어에 활용하는 것도 추천한다. 식물의 관리는 에어플랜트 도감(p.56~)을 참조하자.

아기자기한 에어플랜트가 맞이하는 현관

모자나 스카프와 나란히 에어플랜트를 현관 벽에 걸어보자.
마 소재의 실로 작은 식물들을 연결하면 액세서리처럼 귀엽고 깜직하다.
비록 작은 식물들이지만 존재감은 강하다.
자연소재의 드라이플라워와 조합하면 산뜻한 분위기를 연출할 수 있다.

재료와 도구

- 에어플랜트 9개(6종류)
- 마 소재의 끈
- 와이어
- 라디오 펜치

사용한 에어플랜트

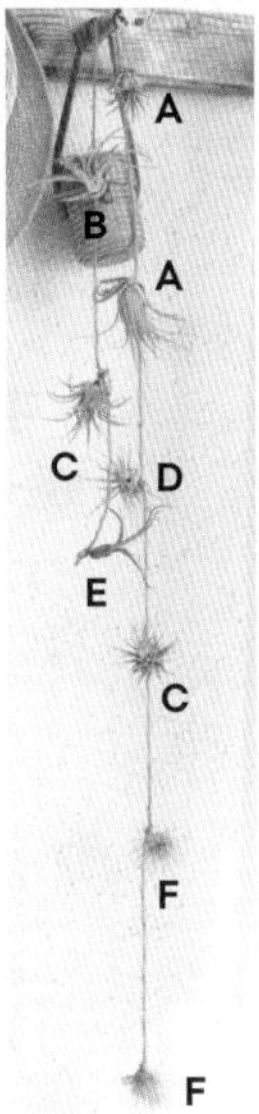

A 스카포사
B 벨루티나
C 이오난사
D 막누시아나
E 불보사
F 푸크시 푸크시

만드는 법

1

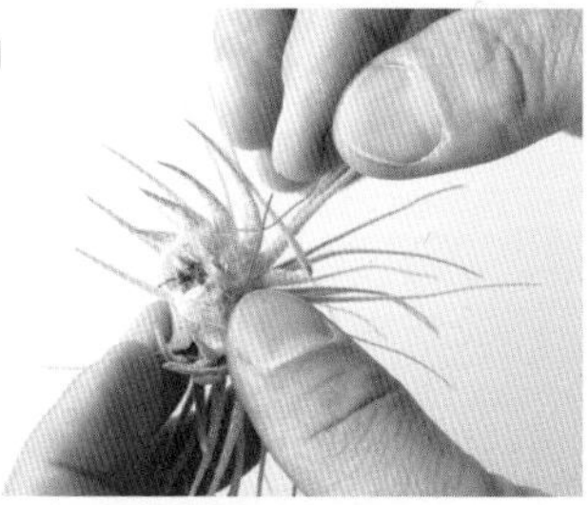

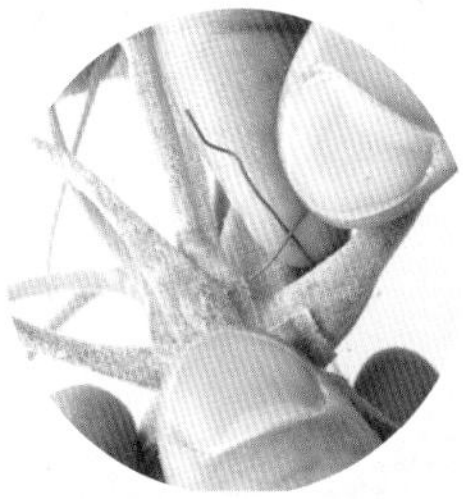

2

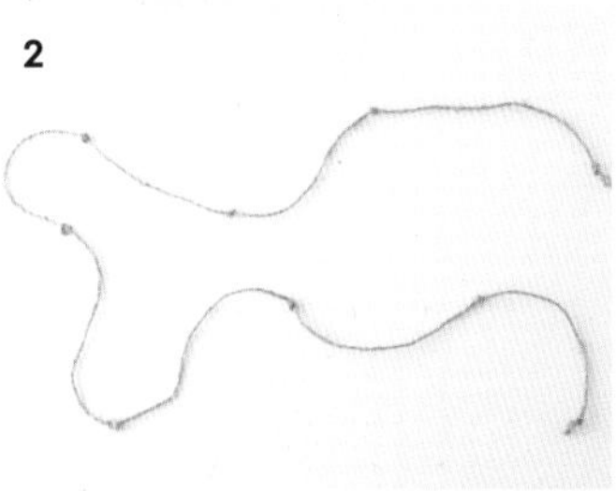

3

4

1 뿌리에 가까운 잎과 잎 사이에 와이어를 끼워 통과시킨다. 몸통에 한 바퀴 돌린 후 비틀어 고정한다.
2 필요한 길이만큼의 마 소재의 끈을 준비해 동그란 매듭을 만든다. 전체적인 균형과 간격을 맞춰가며 준비한 에어플랜트의 수만큼만 매듭짓는다.
3 와이어 한쪽을 매듭 중앙에 통과시킨 후, 와이어 양쪽을 교차시켜가며 에어플랜트를 끈에 고정한다.
4 에어플랜트의 종류나 사이즈 등, 전체적인 밸런스를 생각하면서 완성시킨다.

디스플레이와 관리

작은 창문이 있는 밝은 현관에 장식한다. 마 소재의 끈과 연결하는 아이디어는 보는 즐거움뿐만 아니라 이동의 편리함도 있다. 물 주기나 바람을 쏘일 때 특히 편하다. 늘어뜨렸을 때 몸체가 뒤집어져도 성장에는 문제가 없다. 마 끈의 질감은 잎의 색이나 드라이플라워와도 잘 어울린다.

작은 바람에 흔들리는 창가의 모빌

섬세하고 가는 잎들로 넘실대는 에어플랜트를 공중에 매달아 놓으면 바람에 흔들리는 모습이 자유롭게 날고 있는 작은 새처럼 보인다. 이따금 투명한 유리 조각에 비치기도 하며 작게 흔들리는 에어플랜트 모빌. 온화한 분위기가 집안에 가득하다.

재료와 도구

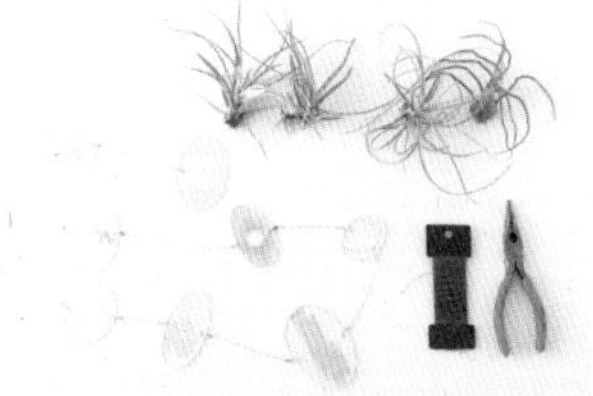

- 에어플랜트 7개(6종류)
- 유리판 모빌
- 와이어
- 라디오 펜치

사용한 에어플랜트

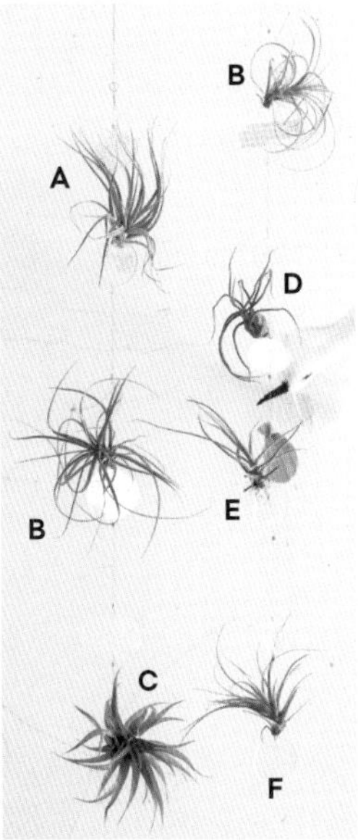

A 스트릭타	**D** 불보사
B 엑세르타	**E** 쉬데이아나
C 카피타타	**F** 미마 칠레텐시스

만드는 법

1 매달기 좋은 크기의 에어플랜트를 골라 완성할 모빌의 유리판 위에 하나하나 올려놓으며 밸런스를 맞춘다.

2 에어플랜트 밑동에 두른 와이어 끈을 유리판의 뚫려있는 구멍으로 통과시킨 후, 와이어를 조여 맨다.

디스플레이와 관리

습기를 싫어하는 에어플랜트에게 바람이 잘 통하는 공중은 쾌적한 장소다. 모빌이 흔들리고 있다면 에어플랜트의 기분이 좋다는 신호다. 창과 가까운 밝은 실내에 두자. 공중에 걸어놓으면 마르기 쉬우니 평소보다 물을 조금 더 준다. 물 주는 방법은 식물을 그대로 둔 채 분무기로 뿌려주고, 몸 안쪽에 물이 고이지 않도록 가볍게 흔들어 털어준다.

벽면을
아메리칸 스타일로

자생지에서는 수염틸란드시아가 전신주나 간판 등에 매달려 있는 모습을 자주 볼 수 있다. 그만큼 에어플랜트는 길모퉁이의 허름한 잡화들과도 잘 어울린다. 네온사인으로 사용되었을 법한 벽면 문자 오브제는 자생지 중 하나인 아메리카 남부의 거리를 연상시킨다.

재료와 도구

- 에어플랜트 12개(10종류)
- 물이끼

만드는 법

1 장식하고 싶은 곳에 물을 흡수시킨 물이끼를 깔아두고 그 위에 에어플랜트를 올려놓는다. 이끼 위는 안정적이라 에어플랜트가 편히 자랄 수 있다.

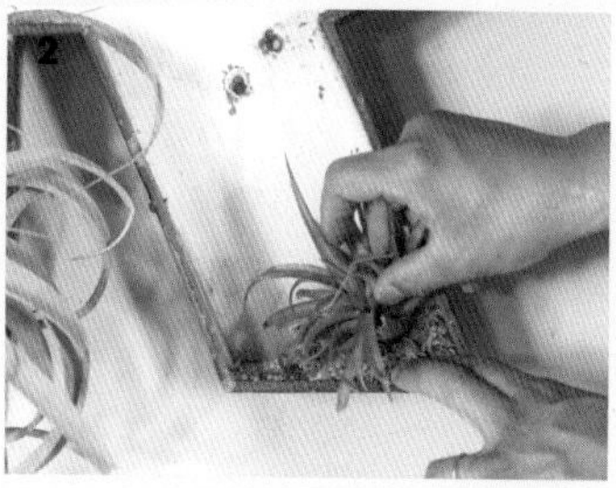

2 에어플랜트와 물이끼가 서로 친숙해지도록 가볍게 누르면서 올려놓는다.

사용한 에어플랜트

A 세로그라피카	**F** 칵티콜라
B 이오난사 론	**G** 브락치카울로스
C 카피타타 레드	**H** 카피타타
D 이오난사 루브라	**I** 수염틸란드시아
E 트리콜라	**J** 쉬데이아나 마이너

디스플레이와 관리

물은 깔아놓은 물이끼까지 충분히 적실만큼의 양을 준다. 물이끼가 꼭 필요한 것은 아니지만, 물이끼를 둥글게 말아 와이어로 고정해 깔아주면 식물이 성장하기에 보다 쉬운 환경이 조성된다. 하루에 몇 시간이라도 볕이 들고 통풍이 좋은 장소라면 그대로 벽면에 고정하는 것도 좋다. 그러나 바람 쐬기를 좋아하므로 이따금씩 문밖으로 옮겨놓는 것이 꼭 필요하다.

개성있는 테이블에 어울리게

캐주얼한 파티에는 진부한 꽃꽂이나 화분보다
에어플랜트로 꾸민 개성적인 테이블이 이슈가 되지 않을까.
깨끗이 빨아 말린 리넨을 깔고, 그 위에 풍성하게 꾸민다.
살짝 건조한 듯한 에어플랜트의 질감은
프랑스나 유럽의 어느 편안한 식탁을 연상시킨다.

재료와 도구

• 에어플랜트 8개(6종류)
• 경석
• 유리 용기

사용한 에어플랜트

A 세로그라피카
B 베르니코사 퍼플 자이언트
C 이오난사 론
D 이오난사 바리에카타
E 스트릭타 하드 립
F 파시쿨라타

만드는 법

1

1 유리 용기에 경석을 깐다. 큰 에어플랜트가 안정적으로 자리를 잡을 수 있도록 올려둘 곳의 표면을 살짝 파낸다.

2

2 우선, 포인트가 될 식물을 파인 곳에 올려둔다. 잘 붙지 않는 식물은 경석으로 가볍게 눌러 고정한다.

3

3 크기와 종류가 다르거나 잎이 예리하고 율동적인 타입을 선택하면 보다 풍성한 표정을 갖는 에어플랜트 작품이 완성된다.

디스플레이와 관리

볕이 잘 들고 바람이 잘 통하는 장소로 옮기기 쉽도록 에어플랜트를 한 접시에 모아두는 방법을 추천한다. 경석은 물기를 잘 머금기 때문에 적절한 습도를 유지한다. 세로그라피카의 잎과 잎 사이에 물이 고이지 않을 정도로 분무하자. 넘치게 심은 듯 보이지만 흙을 사용하지 않았기 때문에 식탁에서의 청결은 문제없다.

선반으로 즐기는 작은 정원

벽걸이 선반에 식물 화분을 나란히 올려놓은 작은 정원.
벽면도 촉촉한 공간으로 재탄생한다.
함께 있는 것은 난과 다육식물로, 에어플랜트와 비슷하게
반나절 정도의 그늘과 커튼 뒤를 좋아한다.
한두 개 정도 포함된 작은 꽃이 주는 변화도 일상을 즐겁게 만든다.

재료와 도구

- 에어플랜트
- 유목
- 와이어
- 라디오 펜치

만드는 법

1

1 밑동에 와이어를 두른 에어플랜트를 유목에 댄 후, 와이어 끝을 돌려 말아 고정한다.

2

2 밸런스를 살피며 같은 요령으로 남은 식물을 묶는다. 크기와 색, 모양이 다른 에어플랜트를 고르면 보다 다양한 변화를 줄 수 있다.

사용한 에어플랜트

A 스트릭타 하드 립
B 카피타타 도밍겐시스
C 라티폴리아 카울레센트 폼
D 텍토룸
E 파시쿨라타
F 스트렙토필라

디스플레이와 관리

직사광선과 습기를 좋아하지 않는, 비슷한 환경을 좋아하는 식물을 함께 모아두면 물 주기 등의 관리가 쉽다. 선반의 깊은 안쪽은 통풍이 잘되지 않으므로 깊지 않은 선반을 골라 바람이 잘 통하는 곳에 설치한다. 화분은 문밖의 응달에 가끔 내놓는 것이 좋다.

너풀너풀 섬세한 잎으로 꾸미는 화장대

거울과 향수 등이 놓여있는 화장대.
유리병 위에 에어플랜트를 올려놓으면
그것만으로 거울 앞의 공기가 잔잔해짐을 느낀다.
은빛의 고급스러운 잎의 색조와 보석처럼 빛나는 작은 조명이 만나,
우아하고 아름다운 분위기를 자아낸다.

디스플레이와 관리

- 일상의 잡화를 다루듯, 화장대를 사용한 후 화장품 정리와 함께 가볍게 장식한다.
- 창문에서 그리 떨어지지 않은 곳이라면, 이러한 장식이 만들어낸 빛들이 거울에 반사돼 공간을 밝게 지켜주기도 한다.
- 방문은 자주 열어 공기가 통하도록 해주며, 가끔씩은 문밖으로 내놓아준다.

사용한 에어플랜트

텍토룸, 스트릭타 하드 립

작업공간을
부드러운 빛으로

노트나 PC를 사용할 때는
다른 곳으로 옮길 수 있는 에어플랜트.
눈을 편안하게 하는 초록의 잎은 작업능률을 높여주고,
책상 주변과도 잘 어울리는 아이템이다.
불투명한 유리창 가까이라면 적당한 빛과 공기가
흐를 수 있으니 에어플랜트에게는 최적의 장소다.

디스플레이와 관리

- 바구니나 그물 모양 용기에 장식하면 통기성이 좋아 에어플랜트에 적당하다.
- 눈앞에 가까이 있으므로 물을 줄 타이밍을 맞추기 쉽다.

사용한 에어플랜트

텍토룸, 이오난사, 스트릭타 하드 립, 파시쿨라타×혼듀렌시스, 트위스티드 팀, 스카포사, 푸크시 푸크시, 하리쉬, 엑세르타, 이오난사

봄의 새싹처럼 나뭇가지 위에

가지에 얹어 놓은 작은 에어플랜트는 옅은 빛깔마저도 새싹과 비슷하다.
하나의 가지에 초록 잎이나 은색 잎, 동그랗게 말린 구슬 모양 등 다양하게 디자인해 보면 어떨까?
빈 가지에 꾸민 후, 봄이 오면 실제 새싹과 어울리도록 구성하는 것도 추천한다.

재료와 도구

- 에어플랜트 13개(9종류)
- 나뭇가지
- 와이어
- 라디오 펜치

사용한 에어플랜트

A 푸크시 푸크시 **F** 브락치카울로스
B 카풋 메두사 **G** 카피타타
C 벨릭키아나 **H** 텍토름
D 스카포사 **I** 막누시아나
E 트리콜라

만드는 법

1

2

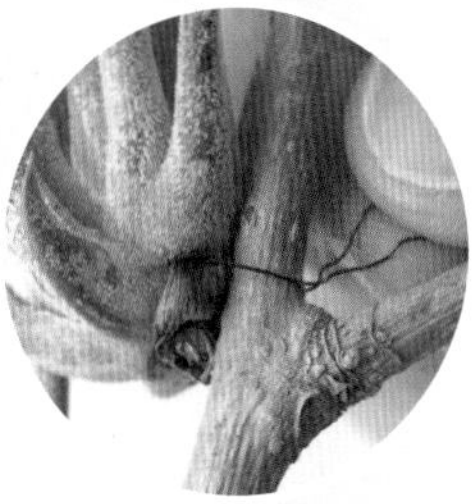

3

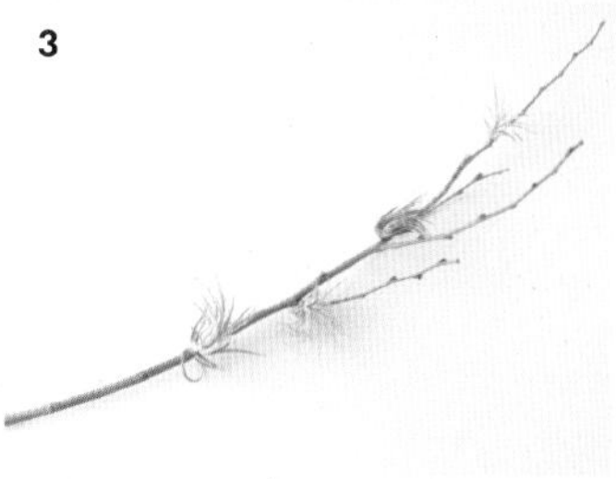

1 나뭇가지를 놓고 밸런스를 생각하며 얹고 싶은 곳에 에어플랜트를 놓아둔다. 완성된 상태를 상상해 본다.

2 에어플랜트가 향할 방향을 생각하면서, 와이어를 식물 밑동에 통과시킨 후 가지와 연결한다.

3 가지 중간은 반들반들해서 미끄러지기 쉬우니, 가지가 나뉘는 부분을 골라 와이어를 묶는다.

디스플레이와 관리

작은 에어플랜트도 하나의 나뭇가지에 장식해 완성하면 존재감을 드러낸다. 또한, 가지에 고정하면 성장에도 도움이 되므로 작은 식물을 기를 때 효과적이다. 가지가 나뉘는 부분이나 싹이 트는 곳에 에어플랜트를 잘 묶어준다. 정원의 나뭇가지를 재활용하거나, 꽃꽂이했던 벚나무 가지 등에 장식해도 좋다.

낡은 철제 소품에 컬렉션하기

컬렉션이 늘어났다면, 이런 모양으로 꾸며보는 것도 흥미로울 것이다.
에어플랜트의 디스플레이에는 바람이 잘 통하는 와이어 제품이 최적.
낡은 아이언은 에어플랜트의 영롱한 색채를 돋보이게 한다.
지나치게 많이 달린 느낌이 들지 않도록 전체적인 분위기를 고려하자.

디스플레이와 관리

- 에어플랜트 컬렉션을 펼쳐놓듯 배열한다.
- 많은 수를 달아 장식할 수도 있겠지만, 인테리어 소품으로 예쁘게 보일 정도로만 꾸미는 것이 요령이다.
- 중심이 될 식물을 골랐다면, 그 주변에 균형 있게 배치해 보자.

사용한 에어플랜트

브락치카울로스, 스카포사, 트리콜라 멜라노크레이터, 엑세르타, 푸크시 푸크시, 벨루티나,
베르니코사 퍼플 자이언트

허브와 함께 어우러진 키친으로

빈 유리병에 올려놓거나, 공중에 걸어 늘어뜨리거나.
공간 이곳저곳에 곁들여 요리가 하고 싶어지는 즐거운 분위기의 키친을 만든다.
에어플랜트의 잎은 매우 예리하기 때문에 볼륨감 있는 허브와 조합하면 초록 가득한 공간을 연출할 수 있다.

디스플레이와 관리

- 창문이 있는 부엌은 에어플랜트와 잘 맞는 장소이다.
- 물 주변이라 습기가 신경 쓰이긴 하지만, 환풍기를 틀거나 창문을 열면 오히려 바람이 잘 통하는 곳이다.
- 에어플랜트의 상태에 맞춰 부지런히 물을 줄 수 있다.

사용한 에어플랜트

이오난사, 카피타타, 스트릭타 하드 립, 팔레아세아, 카피타타 도밍겐시스, 텍토룸

창가를 심플하게 꾸며 즐기는 테라리움

자유자재로 잎을 펼치는 에어플랜트를 심플하게 심어 놓으면, 눈앞에 펼쳐지는 스타일리시한 모습이 매력적이다.
유리병을 이용한 테라리엄이라면, 사방에서 관찰하며 즐길 수 있어 그만큼 애착도 깊어진다.
정원의 나무가 기분 좋은 응달을 만들어주는 창가에 두면 좋다.

재료와 사용한 에어플랜트

A 붚지
B 하리쉬
C 브락치카울로스
D 카풋 메두사
E 트리콜라

작은 식물은 입자가 작은 경석을 사용한다. 습기가 차지 않도록 간격을 두고, 몸체가 설 정도로 가볍게 꽂아 준다.

큰 식물은 바크칩을 이용하면 내추럴한 분위기를 연출할 수 있다. 사진은 트리콜라

녹색 잎 타입은 비교적 잘 물러지지 않으므로 테라리엄에 적합하다. 사진은 불보사

키가 큰 타입은 가늘고 긴 용기를 사용하면 좋다. 병을 늘어놓았을 때 포인트 역할을 한다. 사진은 트위스티드 팀

특히나 따뜻한 습기를 싫어하는 은색 잎 타입은 입구가 넓고 통기가 잘되는 용기를 선택한다. 사진은 파시쿨라타×혼듀렌시스

디스플레이와 관리

초록이 영롱한 녹색 잎 타입은 비교적 습기에 강하니 깊이가 있는 병에, 따뜻한 습기에 약한 은색 잎 타입은 주둥이가 넓고 공기가 잘 통하는 용기에 장식한다. 둘 다 뚜껑은 필요 없다. 물 주기는 그 상태에서 분무기로 뿌려주고, 창가 등의 비교적 통풍이 잘되는 장소에 장식한다. 심지 않고 키우는 타입은 경석에 깊게 꽂지 않도록 주의한다.

욕실에 상쾌함을 더하다

비눗갑에 곁들이거나 매달면 부드러운 녹색 잎이 흰 벽에 비쳐,
욕실에 어울리는 상쾌함을 더해줄 것이다.
일상품처럼 꾸미기 때문에 좁은 세면대 주변에도 무리 없이 어울리지만,
공기는 잘 통하도록 해야 하며 가끔씩 문밖에도 내놓아 준다.

디스플레이와 관리

- 세면대 주변에 두면 물 주기가 한결 수월하다.
- 은색 잎 타입은 비교적 어두운 곳에서도 기를 수 있지만, 하루에 한 번, 30분 이상의 환기는 필요하다.
- 은색 잎의 텍토룸은 물을 준 후에 빨리 건조시켜야 하는 타입으로 환기에 특히 신경을 써야 한다.

사용한 에어플랜트

세로그라피카, 카피타타, 텍토룸, 수염틸란드시아

불투명한 유리 창가에는 빈티지 용기가 매력 포인트

불투명한 유리 창가에 에어플랜트를 장식할 때에는
양철 용기가 매력적이다.
왠지 낡은 분위기가 옅은 녹색과 조화롭고,
벽면의 색조와도 잘 어울리며 자연스럽게 스며든다.
단색의 공간이라면 잎의 미묘한 색과 질감의 다양함을
더욱 돋보이게 하므로, 식물을 음미하는 데도 좋다.

디스플레이와 관리

- 양철 용기 바닥에 넣어둔 바크칩은 알맞은 습기를 유지시켜 건조를 막는다.
- 불투명한 유리 창가는 직사광선을 완화해주어 에어플랜트가 좋아할 만큼의 햇볕을 얻게 도와준다.
- 하지만 환기를 위해 이따금 문밖에 내놓는다.

사용한 에어플랜트

카피타타 레드, 스트릭타 하드 립

섬세한 색조로
꾸며보는 현관문

옅은 보라색을 띤 아름다운 식물을 중심으로
섬세한 은색 잎이나 밝은 그린 잎, 포인트가 될 붉은 꽃을 더한 벽면 장식이다.
조금 높은 위치에 달면, 여릿여릿 가지를 천천히 늘려가는 줄기를 볼 수 있는 즐거움이 배가된다.
커다란 유리창이 있는 문에는 작고 가벼운 타입이 어울린다.

재료와 도구

- 에어플랜트 6개
- 나무 지지대(약 10cm)
- 와이어 2종류(굵은 것, 얇은 것)
- 라디오 펜치

사용한 에어플랜트

A 팔레아세아
B 안드레아나
C 텍토룸
D 베르니코사 퍼플 자이언트
E 아리자
F 아리자 자이언트×푸루이노사

만드는 법

1

2

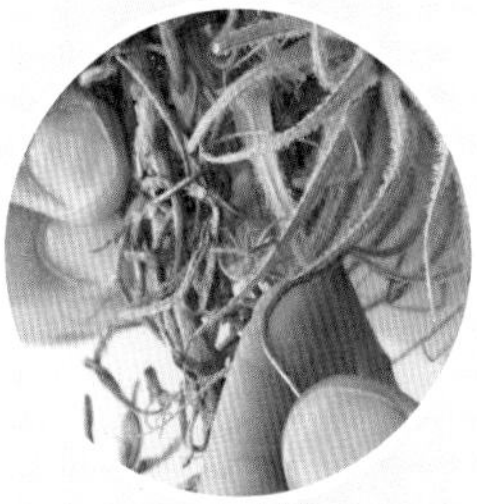

3
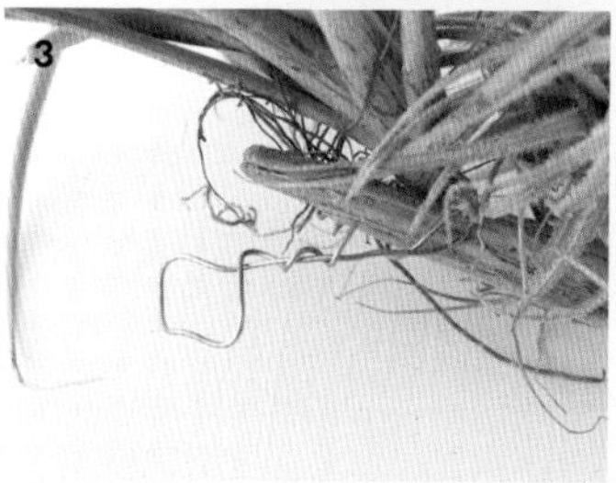

4

1 밑동을 얇은 와이어로 돌돌 감은 에어플랜트를 나무 지지대에 고정한다.
2 다른 것들도 1의 요령으로 나무 지지대에 차례로 고정하고, 맨 마지막으로 줄기가 긴 품종을 굵은 와이어로 돌려말아 고정한다.
3 완성된 장식물을 문에 걸기 위해, 굵은 와이어를 동그랗게 말아 고리를 만든다.
4 벽면 장식물의 완성. 에어플랜트는 성장이 느리기 때문에 모양이 잘 망가지지 않아 오래 즐길 수 있다.

디스플레이와 관리

줄기가 긴 타입은 자연스럽게 아래로 흐르는 매력이 있지만, 꺾이기 쉬우므로 조심히 다뤄야 한다. 처마가 있는 문은 직사광선이 닿지 않아 적당한 볕이 들므로 안성맞춤이다.

새장에 장식한
야성의 아름다움

'안에 뭐가 들어있지?'
무엇이 들어있을지 궁금하도록 새장을 작은
에어플랜트로 장식해 보자.
털실처럼 부드러운 질감과 화사한 형태는
작은 새처럼 보이고,
멋지게 뻗어나는 잎의 모습은 마치 새장에서
새가 날아오르는 장면을 연상시킨다.

재료와 도구

- 에어플랜트 6개
- 새장
- 와이어
- 라디오 펜치

만드는 법

새장은 벽면에 고정한다. 새장 안 나무에 앉을 작은 새처럼 보이게 할 식물은 와이어로 묶는다.

사용한 에어플랜트

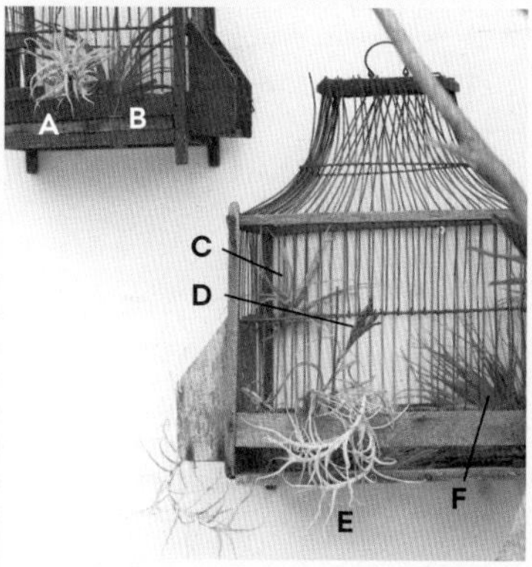

A 팔레아세아
B 트리콜라
C 미마 칠레텐시스
D 아리자 자이언트×푸루이노사
E 아리자
F 스트릭타 하드 립

디스플레이와 관리

이 벽면은 하루 중 몇 시간밖에 볕이 들지 않는 반 응달이다. 특히 지붕 아래이기 때문에 비가 들이치지 않고 통풍도 잘되어 에어플랜트에게는 쾌적한 장소다. 바람이 강하게 불어도 날아가지 않도록 새장의 문은 닫아두자. 줄기식물은 줄기가 잘 꺾이므로 시든 잎을 떼어낼 때 조심히 다룬다.

햇살이 따사로운 정원의 요람

삼각 지붕의 새집은 마치 에어플랜트의 요람과 같다.
기분 좋은 햇살이 비치는 정원이라면, 더운 여름철의 습기도 걱정 없다.
그대로 둔 채 시원하게 물을 주면 OK.
시크한 그레이가 초록 잎 가득한 정원의 포인트가 되기도 한다.

재료와 도구

- 에어플랜트 5개
- 새집

만드는 법

사진에는 새집 안에 그대로 올려놓았지만, 물이끼를 깔고 와이어로 고정해 두면 성장이 빨라진다.

사용한 에어플랜트

A 베르니코사 퍼플 자이언트
B 파시쿨라타
C 이오난사 론
D 트위스티드 팀
E 하리쉬

디스플레이와 관리

처마 밑에 매달아 놓은 것과 같은 환경이기 때문에, 서리가 내리지 않는 지역이라면 겨울에도 이대로 문밖에 둘 수 있다. 단, 겨울비는 차가워 식물의 몸체가 상할 수 있으니 실내에 들여놓는다. 한랭한 지역의 겨울철에는 식물을 반드시 실내로 옮겨 관리해야 한다. 또한 와이어로 고정해 놓으면 바람에 흔들려 떨어지거나 날아갈 염려가 없다.

Part
03
에어플랜트 도감

이 책에서는 초보자도 기르기 쉬운 48종, 개성있는 모습이 매력적인 70종 등, 총 118종의 에어플랜트를 소개하고 있다.
'도감 보는 법'을 참고하면서 각각의 특징과 매력을 파악하고, 품종선택이나 관리, 꾸미기 등에 활용하자.

도감 보는 법

애란토스❶ *T. aeranthos*❷

입수❸ : **보통** | 사이즈❹ : **중** | 일조❺ : B

직선으로 뻗는 잎이 로제트형으로 퍼지며 줄기가 곧게 서는 은색의 줄기식물. 비교적 성장이 빠르고 꽃도 잘 피우기 때문에 초보자라도 기르기 쉬운 품종이다. 수분을 좋아하니 분무기로 자주 물을 주고, 건조한 계절이라면 소팅(p.20)해 준다. 자구가 잘 생겨 클럼프가 되기도 쉽다. 한기에 강해 따뜻한 지역에서는 실외에서도 겨울을 날 수 있다. 잎이 약간 단단해 꺾이기 쉬우므로 주의한다. ❻

❶ **품종명**

❷ **학명** 'T'는 틸란드시아속(= Tillandsia)의 약자다.

❸ **입수 난이도**

용이 인테리어 숍 등, 많은 매장에서 볼 수 있다.
보통 어렵지 않게 찾을 수 있다.
희소 전문점에서만 발견할 수 있다.

❹ **사이즈 기준**

소 개화 시 10cm 이하
중 개화 시 20cm 이하
대 그 이상

❺ **일조의 기준**

A 창가 정도의 밝기가 필요
B 식탁 위 등, 창문에서 다소 떨어져도 OK
C 벽면 등, 빛이 적은 장소에서도 OK

❻ **특징** 기본적인 외견과 성질, 기를 때의 주의점

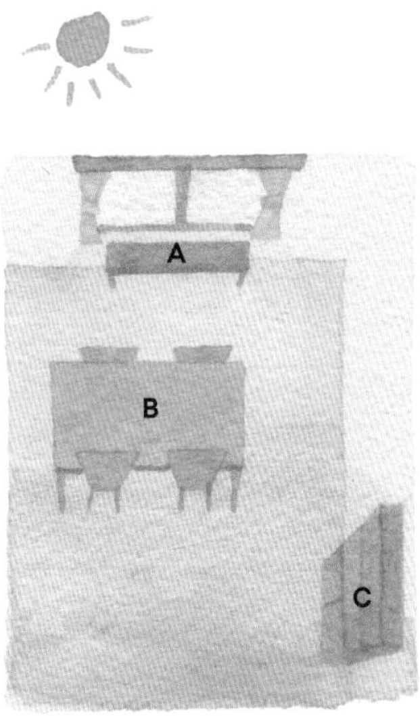

초보자도 기르기 쉬운 추천 품종 48

비교적 손에 넣기 쉽고, 관리하기 수월한 품종을 소개한다. 가격도 적당한 것이 많으니 마음에 드는 것부터 길러 보자.

애란토스 *T. aeranthos*

입수 : **보통** | 사이즈 : **중** | 일조 : B

직선으로 뻗는 잎이 로제트형으로 퍼지며 줄기가 곧게 서는 은색의 줄기식물로 비교적 성장이 빠르고 꽃도 잘 피우기 때문에 초보자라도 기르기 쉬운 품종이다. 수분을 좋아하니 분무기로 자주 물을 주고, 건조한 계절이라면 소팅(p.20)해 준다. 자구가 잘 생겨 클럼프가 되기도 쉽다. 한기에 강해 따뜻한 지역에서는 실외에서도 겨울을 날 수 있다. 잎이 약간 단단해 꺾이기 쉬우므로 주의한다.

아라우제이 *T. araujei*

입수 : **보통** | 사이즈 : **중** | 일조 : A

건강하며 생육이 왕성한 녹색 잎 타입으로 물을 좋아해 분무기로 물을 자주 주는 것이 효과적이다. 여러 계통과 변종이 있지만, 모두가 꽃이 아름다움과 동시에 에어플랜트 중에서도 개화 기간이 긴 것이 특징이다. 줄기식물로 햇볕을 향해 줄기가 크게 구부러지면서 성장한다.

안드레아나 *T. andreana*

입수 : **보통** | 사이즈 : **중** | 일조 : A

섬세한 잎이 둥글게 구형으로 퍼지는 아름다운 녹색 잎 타입이다. 물을 좋아하지만, 뿌리 부근의 잎과 잎 사이에 수분이 고이게 두거나 장시간의 소팅은 몸체가 썩을 위험이 있으니 주의한다. 잎이 부러지기 쉬우므로 되도록 분무기를 이용해 물을 준다. 추위에 약해서 겨울철에는 10℃ 이상의 기온 차가 나지 않는 장소에서 관리한다.

이오난사 *T. ionantha*

입수 : **용이** | 사이즈 : **소** | 일조 : A

에어플랜트의 대표 품종으로 가장 손쉽게 구할 수 있는 것 중 하나이다. 원산지가 다양하며 많은 계통이 있다. 모두 밝은 장소를 좋아하며, 수분이 충분하고 통풍이 잘되는 환경이 적합하다. 뿌리 부근에 은색 빛이 나는 것도 있지만 녹색 잎 타입으로 취급한다.

Ⓐ 이오난사 멕시코 *T. ionantha* (Mexican form)

입수 : **보통** | 사이즈 : **소** | 일조 : A

멕시코가 원산지인 이오난사. 푸에고처럼 꽃이 피기 전에 붉게 색이 변한다. 사진처럼 클럼프가 되기 쉬운 것이 특징.

Ⓑ 이오난사 피넛 *T. ionantha* var. *stricta forma fastigiata*

입수 : **보통** | 사이즈 : **소** | 일조 : A

이오난사의 교배종으로 '피넛'은 통칭. 로제트형으로 잎이 퍼지는 다른 이오난사와 비교해, 잎이 닫힌 듯한 스트레이트 형태가 특징.

Ⓐ 이오난사 루브라 *T. ionantha* 'Rubra'

입수 : **보통** | 사이즈 : **소** | 일조 : A

사진은 평소의 모습이며, 꽃이 피기 전에 아름다운 파스텔 톤의 옅은 핑크색으로 변하는 것이 많다. 이오난사 중 비교적 부드럽고 얇은 섬세한 잎을 갖고 있다. 과테말라산 재배품종.

Ⓑ 이오난사 푸에고 *T. ionantha* 'Fuego'

입수 : **보통** | 사이즈 : **소** | 일조 : A

루브라처럼 개화기가 가까워지면 몸 전체가 선명한 붉은색으로 변한다. 이오난사 중에서도 밀집된 얇은 잎이 섬세한 인상을 준다.

Ⓒ 이오난사 과테말라 *T. ionantha* (Guatemalan form)

입수 : **용이** | 사이즈 : **소** | 일조 : A

중앙아메리카 북부의 과테말라가 자생지. '이오난사'라는 이름으로 유통되는 에어플랜트의 대부분이 이 품종이다.

굵은 줄기가 스트레이트로 자라는 타입으로 생명력이 강해서 초보자에게 적합하다.

우스네오이데스 *T. usneoides*

＊국내 유통명 : 수염틸란드시아

입수 : **용이** | 사이즈 : **대** | 일조 : **B**

은색 잎 타입이지만, 에어플랜트 중에서도 가장 수분을 좋아하는 품종 중 하나. 아름다운 모양을 유지하기 위해서는 잦은 물 주기와 소팅을 해주어야 한다. 자생지에서는 나뭇가지나 전봇대의 전선 등에 얽혀 자란다. 성장은 빠르며 사람의 키만큼 자라 아래로 늘어진다. '스패니시 모스(Spanish moss)'라는 영명을 갖고 있으며, 생화 장식이나 포장재로도 사용된다. 잎의 굵기나 형태는 다양하지만, 모두 노란색의 작은 꽃을 피운다.

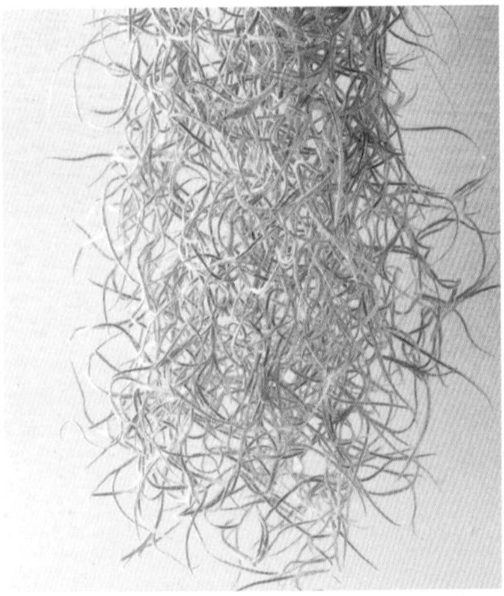

얇은 잎의 컬 타입으로 잎이 섬세하게 얽혀 물러지기 쉬우므로 통풍에 신경 쓰며 기른다.

왼쪽은 굵은 잎의 스트레이트 타입, 오른쪽이 얇은 잎의 컬 스타일.

카울레센스 *T. caulescens*

입수 : **보통** | 사이즈 : **중** | 일조 : A

카울레센스는 라틴어로 '줄기식물'이라는 의미로 이름처럼 줄기가 곧고 길게 자란다. 솔잎처럼 단단한 질감에 끝이 뾰족한 잎이 특징. 녹색 잎 타입으로 공기 중에 습도가 높은 환경을 좋아해 분무기로 자주 물을 뿌려 주는 것이 중요하다. 잎은 단단하며 직선으로 자란다.

칵티콜라 *T. cacticola*

입수 : **보통** | 사이즈 : **대** | 일조 : A

자생지에서는 선인장에 착생하므로 이와 같은 이름이 붙여진 것으로 알려져 있다. 강한 품종이라 건조에도 강하며 크게 자란다. 다양한 형태의 개체가 유통되고 있어, 같은 품종을 여러 가지로 컬렉션 할 수 있다. 살짝 은색으로 보이기도 하지만, 녹색 잎 타입이며 잎은 부드러운 편이다.

가드네리 *T. gardneri*

입수 : **보통** | 사이즈 : **중** | 일조 : A

상당히 아름다운 트리콤(p.12 참조)에 둘러싸인 은색 잎 타입의 대표 종이다. 바람이 잘 통하는 곳에 코르크나 헤고판에 착생시켜 공중에 매달아 늘어뜨리면 아름다운 모양을 유지할 수 있다. 꽤나 민감하여 건조해지면 주름이 지거나 잎의 끝이 변색되어 원래로 되돌리기 어렵다. 따라서 물을 정기적으로 준다. 여름철에는 습기에 물러지기 쉬우므로 세심한 주의가 필요하다.

카피타타 *T. capitata*

입수 : **용이** | 사이즈 : **대** | 일조 : A

녹색 잎 타입으로 밝고 광택이 나는 잎을 갖고 있다. 수분을 좋아하는 품종이므로 물을 충분히 주어야 한다. 잎이 얇아서 강한 햇빛에는 변색될 수 있으니 주의한다. 경석, 바크칩 등의 정원 재료를 사용하면 화분에 심어 키우는 것도 가능하다. 다양한 계통과 변종이 있다.

카피타타 레드 *T. capitata* 'Red'

입수 : **보통** | 사이즈 : **대** | 일조 : A

카피타타의 붉은 잎 품종이다. 카피타타와 비슷하게 강한 햇빛에 노출되면 잎이 쉽게 타버리지만 그렇다고 너무 적게 볕을 받으면 녹색 잎으로 변한다. 잎의 수가 많으며 단단하다. 물은 넉넉히 주는 것이 좋다. 일조량의 조건을 잘 맞춰주면 중심 부분의 새싹부터 바깥쪽 잎까지 몸 전체가 아름다운 색을 유지한다.

카풋 메두사 *T. caput-medusae*

입수 : **보통** | 사이즈 : **중** | 일조 : A

아랫부분이 불룩해 인기 높은 항아리형 품종으로 종소명은 '메두사의 머리'라는 의미다. 클럼프가 되기 쉬우며 왕성하게 성장하는 건강 체질이다. 잎이 뻗는 방향은 불규칙하며 꾸불꾸불 말린다. 볕을 좋아해 봄부터 가을까지는 실외의 처마 밑 등에서 기르는 것도 좋지만, 여름철의 강한 햇빛은 피해야 한다. 밑동은 흰빛이지만 녹색 잎 타입이다.

세로그라피카 *T. xerographica*

입수 : **보통** | 사이즈 : **대** | 일조 : A

본래 탱크형으로 분류되지만, 비교적 건조에 강해 화분에 심지 않은 채 키우는 것이 일반적이다. 은색 잎 타입이지만 빛을 좋아해 밝은 창가에서 기른다. 추위에는 약한 편이라 생장점이 썩기 쉬우니, 야간이나 새벽의 냉기가 드는 장소는 피한다. 크기가 커 존재감이 있으니 포컬 포인트Focal point로 배치하기에 좋다. 사진은 5년 정도 기른 세로그라피카. 아직 어린 식물은 꽃을 피운 후라도 1년간은 시들지 않는다.

제미니플로라 *T. geminiflora*

입수 : **보통** | 사이즈 : **중** | 일조 : A

스트릭타(p.67)와 매우 닮았지만, 스트릭타보다 넓고 부드러운 잎이 방사형으로 뻗어난다. 튼튼해서 키우기 쉬운 녹색 잎 타입으로 수분을 좋아해 화분에 심어 키울 수도 있다. 핑크와 보라색의 꽃은 상당히 화려하고 아름다우며 꽃도 매우 잘 피우는 품종이지만, 꽃을 피우는 기간은 일반적인 에어플랜트보다는 짧은 1주일 정도다.

제미니플로라는 '쌍둥이 꽃'이라는 의미로 1개의 꽃포에 2개의 꽃이 핀다.

크로카타 *T. crocata*

입수 : **보통** | 사이즈 : **중** | 일조 : A

트리콤에 둘러싸인 가늘고 꾸불꾸불한 잎이 특징적인 은색 잎 타입이다. 색과 질감은 수염틸란드시아(p.60)와 비슷하지만 동그란 모양으로 자란다. 습도가 높고 볕이 잘 드는 곳을 좋아한다. 클럼프가 되기 쉽지만, 긴 시간 동안의 젖은 상태를 싫어하므로 바람이 잘 통하는 장소에 두어 물러짐을 방지한다. 꽃은 둘레가 작고 향기가 있다. 코르크 등에 착생시키면 더욱 잘 자란다.

콘콜라 *T. concolor*

입수 : **보통** | 사이즈 : **중** | 일조 : A

왕성하게 성장하는 대중적인 품종이다. 약간 단단하고 긴 녹색 잎이 방사형으로 뻗어 자라는 아름다운 용모를 갖고 있다. 잎은 부러지기 쉬우니 소킹을 하게 될 때는 큰 사이즈의 양동이를 준비하고 무리해서 많은 양을 담그지 않도록 한다. 장식할 때에도 마찬가지로 공간 확보에 주의한다. 빨리 자라게 하고 싶다면, 성장기에 유기질 액체 비료를 분무기로 뿌려주면 효과적이다.

주쿤다 *T. jucunda*

입수 : **보통** | 사이즈 : **중** | 일조 : A

로제트형으로 가지런히 정돈된 용모와 희고 푸른빛이 감도는 은색 잎을 가진 아름다운 품종이다. 키우기는 비교적 쉽다. 잎의 질감이 단단하며 끝이 가늘고 뾰족하다. 부러지기 쉬우므로 콘콜라(위)와 마찬가지로 소킹을 할 때는 주의해서 다루자. 개화기가 다가오면 몸체 중심부에 옅은 핑크빛이 돈다.

준시폴리아 *T. juncifolia*

입수 : **용이** | 사이즈 : **중** | 일조 : A

잔디형 중에서도 녹색이 짙은 종으로, 잎에 약간의 붉은 기가 들어간 것도 있다. 준세아(p.66)와 상당히 닮았지만 준시폴리아 쪽이 성장이 약간 느리며 수분을 더 좋아한다. 밑동 부분에 물이 고이면서 썩을 위험이 있으므로 물 주기 후에는 거꾸로 들어 잘 털어준다.

준세아 *T. juncea*

입수 : **용이** | 사이즈 : **중** | 일조 : A

직선으로 뻗은 잎이 밀집된 잔디형의 대표 품종으로 잎이 옆으로 퍼지지 않고 위로 뻗어 자란다. 섬세한 트리콤을 갖는 은색 잎 타입이다. 비교적 건조에 강해서 왕성하게 성장하는 건강한 에어플랜트로 자구가 잘 생기며 클럼프가 되기 쉽다. 빛의 방향을 향해 휘어 자란다.

스카포사 *T. scaposa*

입수 : **용이** | 사이즈 : **중** | 일조 : B

이오난사(P.59)와 닮았지만, 잎이 한 방향으로 말려 있는 것이 특징이다. 원산지가 비교적 차갑고 서늘한 산악지대인지라 추위에 강해 약 5℃까지도 견딜 수 있지만 고온다습한 여름에는 취약하다. 은색 잎 타입으로 더운 습기에 약하니 통풍에 가장 신경 써야 한다. 헤고판 등에 착생시키면 성장이 좋아지고 비교적 관리도 쉽다.

스트릭타 *T. stricta*

입수 : **보통** | 사이즈 : **대** | 일조 : B

꽃을 매우 잘 피우는 녹색 잎 타입의 품종이다. 튼튼하며 성장도 빠르고 클럼프가 되기 쉬운 것이 특징이다. 햇볕과 물도 좋아한다. 새싹을 많이 만들어 잎이 밀집해 자라므로 시들거나 오래된 잎은 떼어 준다. 이것은 바람 통로를 확보해 주어 물러짐을 방지하기 위해서다. 잎이 연한 기본종인 소프트 립 외에 잎이 단단한 하드 립 등, 다양한 종류가 있다.

스트릭타 하이브리드 *T. stricta* hybrid

입수 : **희소** | 사이즈 : **대** | 일조 : B

스트릭타에는 여러 가지 변종과 재배품종이 있어, 한쪽 부모의 성질이 현저히 드러나는 것이 많다. 잎이 나오는 형태나 색조가 다르기 때문에 여러 가지를 컬렉션 해 보는 것도 즐기는 방법 중 하나이다. 성질은 모두 기본종인 스트릭타와 같아 건강한 편이며 손이 많이 가지 않는 것이 대부분이다. 사진은 하이브리드로 유통되는 교배종이다.

스트렙토필라 *T. streptophylla*

입수 : **보통** | 사이즈 : **중** | 일조 : A

인기 높은 은색 잎 타입 중 하나다. 세로그라피카(p.61)를 작게 만든 듯한 모양이 특징으로, 윗부분의 잎은 조금 곧게 서 있다. 잎이 연하여 수분이 적어지면 몸체가 줄어들어 동그랗고 작은 모습이 된다. 이런 모양 때문에 잎 사이에 물이 잘 고여 썩기 쉽다. 따라서 물을 준 후에는 반드시 통풍이 잘되는 곳에 두어 표면이 완전히 마르도록 한다.

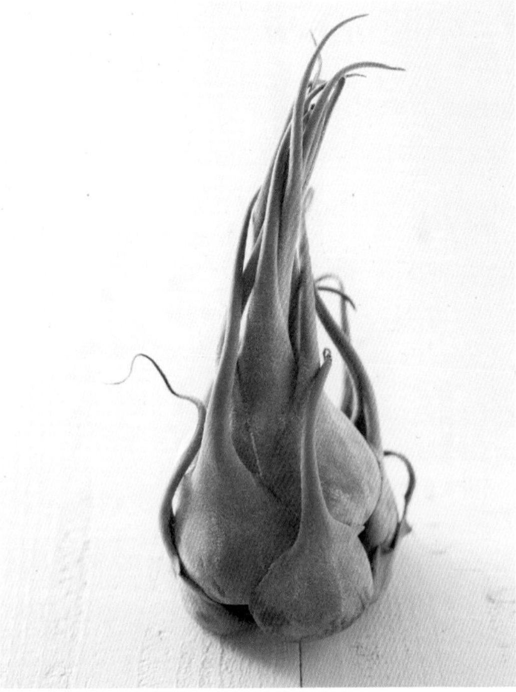

셀레리아나 *T. seleriana*

입수 : **용이** | 사이즈 : **대** | 일조 : C

항아리형 에어플랜트의 대표 종이다. 은색 잎 타입으로 잎의 표면에 트리콤이 많아 손으로 만지면 보송보송하다. 뿌리 쪽에 물이 고이기 쉬우므로 물을 준 후에는 반드시 거꾸로 세워 물을 털어주고, 바람이 잘 통하는 장소에 두어야 한다. 직사광선은 절대 금물이다. 어느 정도는 햇볕을 쬐어주지 않아도 성장한다. 구입할 때에는 손에 올려놓고 무게가 나가는 것을 고르는 것이 좋다.

셀레리아나 스페셜 *T. seleriana* 'Special'

입수 : **희소** | 사이즈 : **대** | 일조 : C

셀레리아나 중에서도 특히 잎이 많이 나고 볼륨이 큰 것이 '스페셜'이라는 이름으로 유통된다. 한동안 다량으로 나돌다가 어느 순간 딱 끊어져 버리는 등 유통량이 일정치 않다. 기를 때 주의할 점은 셀레리아나와 같다.

텍토름 *T. tectorum*

입수 : **보통** | 사이즈 : **대** | 일조 : A

인기 높은 은색 잎 타입이다. 원산지에서는 서리와 안개가 잘 발생하지 않는 2000m 이상 고산의 암벽에서 자라기 때문에 수분을 머금은 트리콤이 발달해 있다. 아름다운 용모를 유지하려면 적절한 일조와 통풍을 확보하고, 물 주기 후에는 수분이 빨리 건조되는 장소에 놓아야 한다. 과다한 물 주기는 트리콤이 줄어드는 원인이 되므로 소극적으로 한다. 모양의 차이를 보이는 개체도 많이 유통된다.

테뉴이폴리아 *T. tenuifolia*

입수 : **보통** | 사이즈 : **중** | 일조 : B

비교적 단단하고 얇은 잎을 가지며, 옅은 파란색의 작은 꽃을 피운다. 스트릭타(p.67)와 매우 닮았지만 테뉴이폴리아 쪽이 잎의 수가 적다. 기르는 환경에 따라 모양이 크게 달라지기 쉬운 편이다. 녹색 잎 타입이지만 햇볕이 적은 환경에서도 기를 수 있다.

듀라티 *T. duratii*

입수 : **보통** | 사이즈 : **대** | 일조 : C

줄기식물로 두꺼우면서도 단단한 잎이 아래로 늘어져 자라며, 끝이 돌돌 말린 개성적인 모습이 특징이다. 비교적 크게 자란다. 테이블 위에 올려놓은 채 내버려 두면 잎이 꺾이거나 모양이 찌그러지므로, 아름다운 모습을 유지시키고 싶다면 천장 등에 매달아 늘어뜨리는 것이 좋다. 은색 잎 타입으로 비교적 건조하거나 어두운 곳에서도 잘 견딘다.

트리콜라 *T. tricolor*

입수 : **보통** | 사이즈 : **중** | 일조 : C

단단한 질감의 잎에 그러데이션이 인상적인 건강한 녹색 잎 타입이다. 개화기에는 꽃차례가 빨강과 노랑, 그리고 보라색의 꽃으로 보인다. 이 품종은 탱크형과 비슷한 성질을 갖고 있어 푼출라타(p.75)처럼 뿌리 부근에 물을 비축하는 구조다. 따라서 화분에 심어서 기를 수도 있다. 단, 문이 꼭 닫힌 집 안에서는 물러질 수 있으니 어느 정도 바람이 통하는 장소에서 키운다.

파우시폴리아 *T. paucifolia*

입수 : **보통** | 사이즈 : **대** | 일조 : B

잎이 조금 두꺼우며 더위에도 강한 품종이다. 봄부터 여름에는 실외의 처마 밑 등에서 키워야 한다. 충분한 물을 주면 볼록하게 몸이 부풀어 오르고 건강하게 키울 수 있다. 은색 잎 타입이라 다소 볕이 들지 않는 곳에서도 잘 자라는 편이다. 겨울철 추위에는 약해서 겨울을 보내려면 10℃ 이상의 장소에서 관리해야 한다.

하리쉬 *T. harrisii*

입수 : **용이** | 사이즈 : **중** | 일조 : A

은색 잎 타입의 초보자용 품종이다. 로제트형이라 잎이 나선형으로 말리는 것이 특징이다. 잎은 부드럽고 연해서 꺾이거나 상처가 생기기 쉬우므로 아름다운 모습을 유지하기 위해서는 관리할 장소를 잘 고려해야 한다. 밑동의 뿌리 부근에 물이 잘 고이므로 물을 준 후에는 거꾸로 세워 잘 털어준다.

파시쿨라타 *T. fasciculata*

입수 : **보통** | 사이즈 : **대** | 일조 : A

대중적인 품종이다. 은색 잎이 방사형으로 퍼지며 크게 자란다. 비교적 습기를 좋아해 분무기로 자주 물을 뿌려주거나, 때에 따라 소킹을 해 주면 좋다. 뿌리내림도 잘 하는 편이라 화분에 심어 재배하는 것도 가능하다. 은색 잎 타입이다.

필리폴리아 *T. filifolia*

입수 : **보통** | 사이즈 : **중** | 일조 : A

실처럼 가늘고 긴 부드러운 잎이 특징으로 인기가 높은 녹색 잎 타입이다. 줄기 밑 부분은 갈색이며 새싹은 밝은 녹색이다. 다른 종에는 없는 섬세함이 매력. 건조함에 약해서 분무기를 이용해 자주 물을 뿌려주어야 하는 것이 포인트다. 가벼워서 바람이 강한 날 실외에 두면 날아갈 수 있으므로 주의한다. 모양이 다른 타입과 함께 장식하면 서로의 개성을 돋보이게 할 수 있다.

푸크시 푸크시 *T. fuchsii* var. *fuchsii*

입수 : **보통** | 사이즈 : **중** | 일조 : A

푸크시의 기본종으로 그라실리스보다 잎은 두껍고 단단하다. 하얀 은색 잎이 밤송이처럼 밀집된 모습이 아름다우며 상당히 인기가 높다. 구입할 때는 잎의 끝이 구부러져 있지 않은 것, 한 손에 들었을 때 무게가 느껴지는 것을 고르자.

푸크시 그라실리스 *T. fuchsii gracilis*

입수 : **보통** | 사이즈 : **중** | 일조 : A

매우 얇고 섬세한 잎이 매력이다. 단, 꺾이기 쉽기 때문에 소킹은 한 번에 하나씩만 해준다. 공기가 건조해지면 예쁜 은색 잎이 끝부분부터 갈색으로 변하며 시드는데, 분무기로 자주 물을 뿌려주면 효과적이다. 꽃이 필 때는 사진에서 보듯 길쭉하게 날아오르는 불꽃처럼 가늘고 긴 꽃줄기가 자란다.

붙지 *T. butzii*

입수 : **용이** | 사이즈 : **중** | 일조 : B

항아리형의 밑동에 특징적인 줄무늬가 인상적인 인기종이다. 잎은 곱슬머리처럼 구불거리며 길게 자란다. 사진은 약 40cm까지 자란 가죽 끈 질감의 건강한 모습이다. 튼튼하고 성장이 빠른 녹색 잎 타입으로, 꽃이 피지 않아도 자구가 생기며 클럼프가 되기도 쉽다. 수분을 좋아해 물 주기만이 아닌 소킹도 가끔씩 해 주도록 한다.

브락치카울로스 *T. brachycaulos*

입수 : **용이** | 사이즈 : **중** | 일조 : A

녹색 잎 타입의 대표 품종으로 다양한 계통이 있다. 수분과 습기를 좋아해 매일 하는 분무가 몸체를 아름답게 보존하는 비결이다. 다만, 그만큼 물러질 위험도 있으니 통풍에는 매우 신경 써야 한다. 성장은 빠르고 뿌리가 잘 자라니 유목 등에 착생시키는 것도 좋다. 일조 조건이 좋으면 붉은색을 띠기도 한다.

푸루이노사 *T. pruinosa*

입수 : **보통** | 사이즈 : **중** | 일조 : A

작은 항아리형의 인기품종이다. 은색 잎 타입으로 꾸불거리는 잎과 수수한 색조로 아름다운 그러데이션을 보이는 것이 특징이다. 잎의 표면에는 트리콤이 많아 손으로 잡으면 몽실몽실하다. 비교적 수분을 좋아하지만, 잎의 사이사이에 고일 염려가 있으니 물을 준 후에는 거꾸로 해서 물을 털어내고 바람을 쐐준다. 개화 직전에 몸체가 짙은 적자주색으로 변한다.

불보사 *T. bulbosa*

입수 : **용이** | 사이즈 : **중** | 일조 : B

항아리형의 대중적인 품종이다. 부드러운 관 모양의 잎이 밑동에서부터 꾸불거리며 자라는 모습이 특징적이다. 성장은 비교적 빠르며 습기가 있는 밝은 장소에서는 한 번에 뿌리를 내리며 생장한다. 직사광선이 닿는 곳에서는 잎이 타버리므로 커튼 뒤 정도의 부드러운 조명이 이상적이다. 줄기 밑 부분에 물이 고이기 쉬우므로 물 주기 후에는 거꾸로 세워 물기를 잘 털어준다. 녹색 잎 타입의 취급법을 따르고, 지나치게 건조해지지 않도록 주의한다.

푼키아나 *T. funckiana*

입수 : **보통** | 사이즈 : **중** | 일조 : A

다람쥐꼬리와 비슷한 모양으로 자라는 줄기식물로 섬세한 잎을 지니고 있다. 밝은 장소에서 붉은색으로 변하는 인기 높은 녹색 잎 타입이다. 물을 좋아하지만 문 닫힌 실내에서는 물러지거나 시들기 쉬우므로, 특히 물 주기 후에는 통풍이 잘되는 곳에 놓아둔다. 잦은 분무가 효과적이다. 성장은 비교적 빠르며 클럼프가 되기 쉬운 타입이다. 안드레아나(p.58)의 친구 격으로 추위에 약해 겨울에는 10℃ 이상의 온도를 유지해야 한다.

푼출라타 *T. punctulata*

입수 : **보통** | 사이즈 : **대** | 일조 : **A**

탱크형으로 화분에서 기를 수도 있다. 잔디형의 녹색 잎 타입으로, 비교적 수분을 좋아해 바람을 잘 쐐주어 물러짐에 주의한다. 강한 빛에 갑자기 노출되면 잎이 동그랗게 말리므로 실외에 내놓을 때는 조금씩 천천히 익숙하도록 해주고, 특히 서향의 직사광선을 직접 맞지 않도록 주의한다. 화분에 기르면 길이가 30cm 이상 크기도 한다.

바일레이 *T. baileyi*

입수 : **보통** | 사이즈 : **중** | 일조 : **B**

조금 두꺼우며 나선형으로 길게 자라는 잎을 가진 항아리형의 건강 품종이다. 잎은 부드럽고 연하며 은색 잎 타입이다. 성장이 비교적 빠르며 뿌리내림도 잘 되어, 코르크나 유목 등에 착생시키는 것도 쉽다. 꽃을 피우지 않아도 자구가 생기며 사진은 클럼프가 된 상태다.

벨릭키아나 *T. velickiana*

입수 : **보통** | 사이즈 : **중** | 일조 : A

희고 부드러운 긴 잎이 방사형으로 퍼지는 우아한 인상의 은색 잎 타입이다. 수분을 매우 좋아하므로 매일 거르지 않고 분무해준다. 물이 부족하면 곧바로 잎이 세로 방향으로 둥글게 꺾인다. 잎이 부러지거나 상처가 나기 쉬우므로 소킹은 한 번에 한 개씩만 해준다. 성장은 비교적 빠른 편이다.

레이첸바치 *T. reichenbachii*

입수 : **보통** | 사이즈 : **중** | 일조 : A

단단한 질감으로 뚝뚝 꺾여 돌아간 듯한 잎을 가지며, 개체에 따라 여러 가지 모양이 있다. 듀라티(p.69)의 소형판인 듯한 외형이 특징인 은색 잎 타입으로 잎이 쉽게 꺾이므로 주의해야 한다. 수분을 좋아하지만, 통풍에 신경 쓰지 않으면 아래쪽 잎이 거무스름해지므로 실내에서는 환기에 신경쓴다. 꽃에서는 재스민과 비슷한 향기가 난다.

개성있고 독특한 품종 70

독특한 잎과 꽃을 가진 매력 넘치는 70종을 소개한다.
전문점에서만 볼 수 있는 희소한 품종을 비롯해서
재배와 관리의 난이도가 높은 것까지 포함되어 있다.

※ 도감을 보는 방법은 p.57를 참조

aff. 볼리비엔시스 블루 플라워

T. aff. boliviensis 'Blue Flower'

입수 : **희소** | 사이즈 : **중** | 일조 : A

두꺼우면서 팽팽한 잎이 방사형으로 퍼지는 볼리비엔시스와 가까운 녹색 종이다. 살짝 보이는 은색은 약간 두껍고 짧은 트리콤에 덮여 있다. 키우기는 쉬운 편으로 헤고판 등에 착생시키면 더욱 잘 자란다. 꽃은 개체별로 차이가 나는데, 이름과는 달리 옅은 핑크색이 많다.

aff. 듀라티

T. aff. duratii

입수 : **희소** | 사이즈 : **중** | 일조 : A

듀라티(p.69)와 비슷한 녹색 종으로 재배방법도 듀라티와 같다. 'aff'는 비슷한 잎의 품종이라는 의미다. 잎이 아래로 늘어지며 자라는 것은 같지만, 약간 소형으로 잎의 두께가 다르다. 성장은 듀라티보다 빠르며 햇볕을 좋아한다. 위쪽에 매달아 아래로 늘어뜨리는 것이 보다 아름다운 모습을 즐기는 방법이며, 은색 잎 타입이다.

애란토스 퍼플 자이언트

T. aeranthos 'Purple Giant'

입수 : **희소** | 사이즈 : **대** | 일조 : A

비교적 성장이 빠르며 초보자라도 기를 수 있는 애란토스(p.58)의 일종으로, 이름처럼 대형으로 크게 자란다. 은색 잎에 적자색이 살짝 흐르는 상당히 아름다운 개체다. 되도록 자연광이 비추는 곳에서 관리하면 그 매력적인 발색을 즐길 수 있다.

애란토스 미니 퍼플

T. aeranthos 'Mini Purple'

입수 : **희소** | 사이즈 : **중** | 일조 : A

매우 건강한 애란토스의 일종이다. 소형 품종으로 약간의 자갈색을 띠며 단단한 은색 잎을 갖고 있다. 건조와 추위에도 강하며, 따뜻한 곳에서는 연중 실외에서 기르는 것도 가능하다.

아트로비리디페탈라 라지 폼

T. atroviridipetala 'Large form'

입수 : **희소** | 사이즈 : **중** | 일조 : A

풀모사(p.85)와 닮았지만 풀모사보다 잎이 단단하며 짧은 트리콤으로 몸 전체가 덮인 은색 잎 타입이다. 고온다습한 환경에서는 잘 썩어버리므로 여름철 관리에는 특히 주의해야 한다.

아리자 줄리아에×푸루이노사
T. arhiza-juliae × pruinosa

입수 : **희소** | 사이즈 : **중** | 일조 : A

2종을 합친 교배종으로 양쪽 모두 몸통이 항아리형으로 부푸는 인기종이다. 모주의 성질을 이어받은 은색 잎 타입이다. 기르기는 비교적 쉽지만, 여름철 물 주기 후 몸통의 물을 그대로 두면 몸체가 상하므로 물기를 잘 털어 준다.

알비다
T. albida

입수 : **희소** | 사이즈 : **대** | 일조 : A

표면이 섬세한 순백의 트리콤으로 덮여있어, 매우 아름다운 줄기를 가진 은색 잎 타입이다. 잎이 단단하여 흠이 나거나 꺾이기 쉽다. 매달거나 착생시켜 관리하면 아름다운 모습을 유지하는 데 도움이 된다. 성장은 느리지만 상당히 튼튼한 편이다.

알베르티아나
T. albertiana

입수 : **희소** | 사이즈 : **소** | 일조 : A

짙은 초록의 굵은 잎을 가진 녹색 잎 타입이다. 일조 조건이 좋은 곳에서 기르면 몸 전체가 은빛 회색으로 물드는 매력적인 색 조합을 보인다. 비교적 성장이 빠르고 건강하다. 착생시키면 키우기 쉬우며, 짙은 붉은색의 꽃이 아름답다.

이오난사 벤하이닝기
T. ionantha var. *van-hyningii*

입수 : **희소** | 사이즈 : **중** | 일조 : A

이오난사(p.59)의 변종으로 줄기가 나면서 곧게 선다. 성장은 다른 이오난사와 비교해 더딘 편이다. 꽃이 피기 전까지는 몸 전체에 붉은색이 도는 녹색 잎 타입이다. 추위에는 비교적 약해 겨울철에 물을 줄 때는 주의가 필요하며, 기온 차가 크지 않은 장소에서 관리하는 것이 좋다.

이오난사 팻 보이
T. ionantha 'Fat Boy'

입수 : **보통** | 사이즈 : **중** | 일조 : A

유통량이 많은 에어플랜트의 대표주자인 이오난사 중에서도 유달리 크게 자라는 품종이다. 왕성하게 성장하며 꽃도 아름답다. 자구를 잘 만들며 클럼프가 되기 쉬운 타입이다

이오난사 드루이드
T. ionantha 'Druido'

입수 : **희소** | 사이즈 : **중** | 일조 : A

이오난사의 대부분이 보라색 꽃을 피우는 반면, 이 종은 흰 꽃을 피운다. 충분한 햇볕이 확보된 좋은 환경에서는 개화하기 전에 잎이 노란색으로 물드는 점도 특징적이다. 헤고판 등에 착생시켜 관리하면 좋은 상태를 유지할 수 있다.

이오난사 마디 그라스
T. ionantha 'Mardi Grass'

입수 : **희소** | 사이즈 : **중** | 일조 : A

일조 조건이 좋은 환경에서는 잎의 끝이 짙은 빨강으로 물드는 아름다운 녹색 잎 타입이다. 다른 이오난사와 비교해 잎이 조금 얇고 섬세하다. 트리콤이 많으며 건조한 상태에서는 흰빛으로 보인다. 기르는 방법은 다른 이오난사와 동일하다.

이오난사 맥시마
T. ionantha 'Maxima'

입수 : **희소** | 사이즈 : **대** | 일조 : A

이오난사 중에서는 대형에 속하는 녹색 잎 타입이다. 몸체에 잎이 가득 차게 자라며, 손에 들면 묵직한 느낌이 들 정도이다. 기르기는 비교적 쉬운 편이며 성장은 빠르지만 잎이 밀착되어 자라는 만큼 물러짐에 약하니 통풍이 잘 되는 곳에서 관리해야 한다. 강한 볕에 노출되면 잎이 타버릴 수 있다.

이오난사 론
T. ionantha 'Ron'

입수 : **희소** | 사이즈 : **소** | 일조 : A

이오난사 중에서도 소형 타입이다. 약간 두껍고 짧은 잎이 바깥쪽을 향해 활짝 말린 모습이 예쁘다. 햇볕이 잘 드는 환경에서는 꽃이 피기 전, 중심 부분에 노란빛의 아름다운 그러데이션이 펼치지는 녹색 잎 타입이다.

익시오이데스
T. ixioides

입수 : **희소** | 사이즈 : **중** | 일조 : A

은색 잎 타입이며, 약간 안쪽으로 둥글게 말린 단단한 잎을 가진 단정한 로제트형이다. 헤고판 등에 착생시키면 안정된 성장을 할 수 있다. 몸체 중심 부분에 물이 고이면 뿌리 부근부터 썩어 버리므로 물을 준 후에는 거꾸로 세워 잘 털어준다.

익시오이데스 드워프
T. ixioides 'Dwarf'

입수 : **희소** | 사이즈 : **소** | 일조 : A

익시오이데스의 소형 종이다. 익시오이데스와 마찬가지로 단단한 은색 잎이 별모양으로 아름답게 퍼진다. 성장은 늦지만 비교적 튼튼하며 자구도 잘 생기고 클럼프가 되기 쉽다. 에어플랜트 중에서는 진귀한 노란색 꽃을 피운다. 약간의 향기도 갖고 있다.

익시오이데스×듀라티
T. ixioides × duratii

입수 : **희소** | 사이즈 : **대** | 일조 : A

익시오이데스와 듀라티(p.69)의 교배종. 형태는 듀라티의 성질을 물려받아, 마치 척추가 있는 것처럼 곧게 서며 성장해 간다. 기르기는 쉬운 편인 건강한 은색 잎 타입이다. 꽃은 파란색으로 매우 아름다우며, 꽃이 핀 후에는 자구가 잘 생긴다.

베르니코사 자이언트 폼
T. vernicosa 'Giant Form'

입수 : **희소** | 사이즈 : **대** | 일조 : A

두툼하고 단단한 잎을 로제트형으로 퍼트리는 베르니코사의 일종이다. 비교적 잎이 길게 자라며 완만하게 말린 우아한 용모가 인상적이다. 길고 단단한 잎은 쉽게 꺾이고 상처 입기 쉬우므로 취급에 주의해야 한다. 크게 자라는 아름다운 은색 잎 타입이다.

베르니코사 퍼플 자이언트
T. vernicosa 'Purple Giant'

입수 : **희소** | 사이즈 : **대** | 일조 : A

로제트형의 큰 품종 중에서도 유난히 단정한 모습의 은색 잎 타입이다. 일조가 적으면 전체적으로 푸르스름한 빛깔을 띠지만, 조건이 좋으면 아련한 적자색으로 물들어 꽤나 아름답다. 볕이 지나치게 강하면 잎이 타버릴 수도 있으니 특히 여름철에는 주의가 필요하다.

익스텐사 레드 폼
T. extensa 'Red form'

입수 : **희소** | 사이즈 : **대** | 일조 : A

익스텐사는 긴 잎이 우아하게 퍼지며 왕성하게 성장하는 대형 종이다. 몸체의 중심부터 붉은색이 돌며, 일조 조건이 좋으면 몸 전체가 빨갛게 물들어 아름답다. 짧은 트리콤에 감싸여 있지만 수분을 충분히 보충해 주면서 관리해야 하며, 화분에 심어 키우는 것도 가능하다. 튼튼하고 자구를 잘 만드는 은색 잎 타입이다.

엑세르타
T. exserta

입수 : **희소** | 사이즈 : **대** | 일조 : B

크게 자라는 건강한 은색 잎 타입이다. 비교적 추위에 강하며 최저기온이 5℃ 이상이라면 실외의 처마 밑에서도 겨울을 날 수 있다. 단단하고 긴 잎이 둥글게 말리면서 우아하게 퍼지기 때문에, 매달아 늘어뜨려 관리하면 아름다움을 길게 유지할 수 있다. 꺾이기 쉬우므로 취급에 주의한다.

카울리게라
T. cauligera

입수 : **희소** | 사이즈 : **대** | 일조 : A

단단한 질감의 잎을 가진 튼튼한 줄기의 은색 잎 타입이다. 몸 전체가 희게 보일 정도의 트리콤으로 덮여있어 비교적 건조에는 강하다. 그러나 극도로 탈수되면 다른 품종과 마찬가지로 잎이 세로로 말려 버린다. 몸체는 가볍기 때문에 실외에서 관리할 때는 바람에 날려 잎이 꺾이지 않도록 주의한다.

카피타타 도밍겐시스
T. capitata 'Domingensis'

입수 : **희소** | 사이즈 : **중** | 일조 : A

몸 전체가 레드와인 빛을 띠는 아름다운 품종이다. 녹색 잎 타입의 카피타타(p.62) 중에도 비교적 트리콤이 많고 잎은 단단하다. 추위에는 약해서 최저기온이 10℃ 이상인 장소에서 관리한다. 뿌리내림이 잘 되므로 착생시켜 벽면에 장식하고 싶은 초보자에게 추천한다.

카필라리스
T. capillaris

입수 : **희소** | 사이즈 : **소** | 일조 : A

소형의 은색 잎 타입이지만, 가지가 쉽게 나뉘며 클럼프가 되기 쉽다. 무리 지어 키우는 편이 보다 상태가 좋은 개체를 얻는 방법이다. 수분이 고여 물러지기 쉬우므로 매달아 늘어뜨려 통풍이 잘되는 장소에서 관리해야 한다. 극단적인 기온의 변화를 싫어하므로 일정한 온도가 유지되는 밝은 창가에 두는 것이 좋다.

지피오이데스 퍼지 폼
T. xiphioides 'Fuzzy form'

입수 : **희소** | 사이즈 : **중** | 일조 : A

두껍고 조금 단단한 질감의 은색 잎을 가지며, 파도가 치는 듯한 모양으로 잎의 끝이 말려 있다. 몸 전체가 트리콤에 덮여있어, 자연광 아래에서는 은빛 회색으로 빛나 더욱 아름답다. 꽃은 흰색으로 향기가 있다. 꽃봉오리가 생기고 개화할 때까지는 수개월이 걸린다.

제미니플로라×레커비폴리아
T. geminiflora ×*T. recurvifolia*

입수 : **희소** | 사이즈 : **중** | 일조 : A

2종의 교배종으로 비교적 부드럽고 연한 잎이 방사형으로 퍼지는 녹색 잎 타입이다. 튼튼한 체질이라 처마 밑이라면 연중 실외에서도 기를 수 있다. 교배 전 2종 모두 물을 좋아하므로 자주 분무해주면 아름다운 모습을 유지할 수 있다. 최저기온이 15℃ 이상이라면 샤워기로 직접 물을 주어도 좋다.

코마라파엔시스
T. comarapaensis

입수 : **희소** | 사이즈 : **중** | 일조 : A

익시오이데스(p.79)와 닮은 단단한 은색 잎의 로제트형이다. 이름은 원산지인 볼리비아 코마라파에서 발견된 것에서 유래한다. 건조가 심하면 잎 끝이 갈색으로 변하므로 잦은 분무가 필요하다. 잎은 꺾이기 쉬우므로 착생시켜 매달아 늘어뜨려 관리하는 것이 좋다.

콘콜라×이오난사
T. concolor×*T. ionantha*

입수 : **희소** | 사이즈 : **중** | 일조 : A

2종의 교배종으로 이오난사(p.57)의 잎을 테이프처럼 길게 늘인 듯한 모습의 녹색 잎 타입이다. 튼튼한 반면 추위에는 약해서 10℃ 이상의 밝은 장소에서 관리해야 한다. 최저기온이 15℃ 이상이라면 월 1회 정도로 유기농 액체 비료를 주면 잘 자란다.

콘콜라×스트렙토필라
T. concolor ×*T. streptophylla*

입수 : **희소** | 사이즈 : **중** | 일조 : A

튼튼한 콘콜라(p.65)와 인기 높은 항아리형 스트렙토필라(p.67)의 교배종이다. 교배 전 양쪽 모두 물을 좋아하니, 건조해지면 소킹을 하고 물을 잘 털어준다. 추위에는 약해서 기온 차가 적고 통풍이 잘되는 곳에 두고 관리한다. 녹색 잎 타입이다.

샤츨리
T. schatzlii

입수 : **희소** | 사이즈 : **중** | 일조 : A

단단하고 두꺼운 은색 잎 위로 짧은 트리콤이 자라나, 마치 광택이 나는 상어 피부와 비슷하다. 잎의 수가 적은데, 개체마다 휘거나 직선을 갖는 등 모양에 차이가 있다. 새싹은 천천히 자라지만 비교적 뿌리가 잘 나오니 착생시키면 성장이 안정된다. 뿌리 부근이 잘 썩으니 바람이 잘 통하도록 신경 쓴다.

조네시
T. jonesii

입수 : **희소** | 사이즈 : **중** | 일조 : A

잎의 끝을 손으로 만지면 따끔할 정도로 단단하다. 줄기식물처럼 중앙에 생장점이 자라나는 은색 잎 타입이다. 찬바람에 직접 노출되지 않는다면 최저기온 0℃ 정도까지는 견딜 수 있다. 약간 어두운 환경에서는 녹색으로 변하므로 아름다운 적자색을 유지하기 위해서는 햇볕을 잘 쬐어주되, 직사광선은 피한다.

수크레이
T. sucrei

입수 : **희소** | 사이즈 : **소** | 일조 : A

긴 솜털과 같은 트리콤으로 덮인 아름다운 은색 잎의 소형 품종이다. 부드럽고 섬세한 잎은 변형되기 쉬우므로 다룰 때 늘 주의해야 하며, 헤고판 등에 착생시키는 것이 좋다. 봄부터 여름의 성장기에는 처마 밑 등의 바람이 잘 통하는 장소에 두고 키우는 것을 추천한다. 커다란 분홍색의 꽃을 피운다.

스텔리페라
T. stellifera

입수 : **희소** | 사이즈 : **중** | 일조 : A

몸 전체가 새털 모양의 트리콤으로 감싸인 아름다운 순백의 은색 잎 타입이다. 튼튼하며, 최저기온이 5℃까지 내려가도 견딜 수 있으나, 성장은 매우 느리다. 몸에 한번 상처를 입으면 아름다운 모습을 유지시키기 힘이 드니, 자연광과 충분한 통풍은 필수다. 매달아 관리하면 좋다.

스트릭타 피니포미스
T. stricta piniformis

입수 : **희소** | 사이즈 : **중** | 일조 : A

잎이 나선형으로 뻗어나며, 몸 전체가 얇고 긴 눈물방울 모양으로 자란다. 단단하면서도 은빛 회색의 광택이 아름다운 은색 잎 타입이다. 기르기는 쉬운 편이다. 봄부터 여름까지의 성장기에 분무와 함께 샤워기 등으로 물을 충분히 주면 아름다운 모습을 유지할 수 있다.

스트릭타 핑크 브론즈
T. stricta 'Pink Bronze'

입수 : **희소** | 사이즈 : **중** | 일조 : A

초보자라도 쉽게 기를 수 있는 녹색 잎 타입이다. 볕을 잘 쬐어주면 잎의 끝이 브론즈 빛으로 물드는데, 착생시키면 색조가 더욱 강해진다. 꽃도 잘 피어 옅은 핑크의 꽃덮개를 가진 아름다운 파란색의 꽃을 즐길 수 있다. 더위에는 강하지만 통풍에는 신경을 써 주어야 한다.

세쿤다 메이저
T. secunda var. 'Major'

입수 : **희소** | 사이즈 : **대** | 일조 : A

은색 잎으로 로제트형이 특징인 세쿤다의 변종이다. 물과 바람을 좋아한다. 봄부터 여름까지인 성장기 저녁 시간에는 샤워기로 물을 넉넉히 주는 것이 좋다. 물 주기 후에는 거꾸로 세워 확실하게 물을 털어준다. 화분에 심는 것도 가능하다. 더위에는 강하지만 추위에는 약하다.

치아펜시스
T. chiapensis

입수 : **희소** | 사이즈 : **중** | 일조 : A

단단하고 두꺼운 잎이 휘어졌으며, 짧은 털의 트리콤이 몸 전체를 감싼 은색 잎 타입이다. 흰빛으로 보이나 붉은 색소를 갖고 있으며, 햇볕을 잘 받으면 발색이 좋아진다. 성장은 비교적 느리고 커다란 꽃차례를 수개월에 걸쳐 늘려가며 개화한다. 자구도 잘 생긴다.

디아기텐시스
T. diaguitensis

입수 : **희소** | 사이즈 : **중** | 일조 : A

팔레아세아(p.84)와 매우 닮았지만 가는 잎이 자라며, 대형의 클럼프가 되기 쉬운 은색 잎 타입이다. 잎은 딱딱하여 꺾이고 상처받기 쉬우므로 유목 등에 고정해 거꾸로 두는 것이 좋다. 아름다운 가지가 방사형으로 퍼진다. 잦은 물 주기는 필요하지 않다. 꽃은 흰색으로 꽤 아름답다.

디디스티차
T. didisticha

입수 : **희소** | 사이즈 : **대** | 일조 : A

두꺼운 잎이 파도처럼 휘어지면서 방사형으로 퍼지는 아름다운 은색 잎 타입이다. 잎의 수가 많아 물러지기 쉬우므로 통풍이 잘되는 곳에서 관리한다. 성장은 느리니 다 자랄 때까지 천천히 기다린다. 최저기온 5℃ 정도까지는 실외의 처마 밑에서도 기를 수 있다.

테뉴이폴리아 바기나타
T. tenuifolia vaginata

입수 : **희소** | 사이즈 : **대** | 일조 : A

테뉴이폴리아(p.69)의 일종으로 다람쥐꼬리 같은 모습으로 자라는 독특한 녹색 잎 타입이다. 잎은 단단하며 끝이 뾰족하다. 기르기 쉬운 건강한 품종으로 비교적 성장이 빠르며 사진과 같이 클럼프가 되기 쉽다. 물을 상당히 좋아하므로 봄부터 여름에는 부지런히 물로 적셔준다.

니두스
T. nidus (T. ionantha × T. fasciculata)

입수 : **희소** | 사이즈 : **대** | 일조 : A

뿌리 부근에 잎이 밀집한 이오난사(p.59)와 잎의 끝이 방사형으로 퍼진 파시쿨라타(p.71)의 교배종이다. 최저기온이 10℃ 이상이라면 실외에서 관리하면서 샤워기 등으로 자주 물을 준다. 직사광선은 피해야 하지만, 볕을 받으면 빨갛게 색이 물드는 아름다운 녹색 잎 타입이다.

네글렉타
T. neglecta

입수 : **희소** | 사이즈 : **중** | 일조 : A

다소 단단한 녹색 잎 타입으로 잎이 밀집해 자라는 줄기식물이다. 튼튼하며 기르기 쉽고 비교적 빨리 자란다. 자구를 잘 만들며 클럼프가 되기도 쉽다. 봄부터 여름은 실외의 처마 밑 등에 매달 되, 잎이 타지 않도록 관리해 준다. 보라색의 커다랗고 아름다운 꽃을 피운다.

네글렉타 스몰 폼
T. neglecta 'Small form'

입수 : **희소** | 사이즈 : **소** | 일조 : A

잎이 짧으며, 전체적으로 뭉쳐 있는 듯한 용모의 녹색 잎 타입이다. 물러지기 쉬우니 물을 준 후에는 통풍이 잘되는 장소에 두고, 실내라면 환기가 잘 되는 곳에 둔다. 바크칩 등을 깔아 두면 온도 조절이 수월하고 뿌리도 잘 자란다.

네글렉타 루브라
T. neglecta 'Rubra'

입수 : **희소** | 사이즈 : **소** | 일조 : A

네글렉타의 일종으로 몸체의 색이 아름다운 녹색 잎 타입이다. 성장 환경에 따라 발색이 달라진다. 성장기에 볕을 잘 쬐어주면 선명하고 깊은 색을 볼 수 있다. 추위에 약한 경향이 있지만, 관리는 쉽고, 자구도 잘 생긴다.

노바키아이
T. novakii

입수 : **희소** | 사이즈 : **대** | 일조 : A

성장은 비교적 빠르며 키우기도 수월한 은색 잎 타입이다. 일조나 통풍이 좋은 성장 환경에서는 계절에 따라 몸 전체가 핑크색으로 물들어 아름답다. 자연광 아래에서 키우면 좋은 품종 중 하나이다. 단단하고 긴 잎을 가지므로 소킹 등을 위해 손을 댈 때는 꺾이지 않도록 주의한다.

발트라미
T. bartramii

입수 : **희소** | 사이즈 : **중** | 일조 : A

잔디형으로 섬세한 은색 잎이 주는 인상과는 달리, 건조에 강하며 추위도 잘 견딘다. 유통량은 적지만 키우기는 쉬운 편이다. 화분에도 기를 수 있어 서양란용의 바크칩이나 경석을 섞은 배양토를 사용하면 잘 자란다. 물이끼는 습기를 많이 지니므로 함께 사용하게 된다면 통풍이 잘되는 장소에 둔다.

팔레아세아
T. Paleacea

입수 : **보통** | 사이즈 : **대** | 일조 : A

아름다운 은색 잎의 줄기식물로 사진은 클럼프가 된 상태다. 약간 건조한 느낌으로 관리하면 좋다. 봄부터 여름까지인 성장기에는 일몰 후의 물 주기가 효과적이다. 낮에는 잎에 묻은 물방울이 렌즈 같은 기능을 해서 잎이 타기도 하니 주의한다. 몸체가 조금 무거워서 매달 때는 꽉 조여 고정한다.

반덴시스
T. bandensis

입수 : **희소** | 사이즈 : **중** | 일조 : A

줄기가 짧고 잎이 부채형으로 자라는 녹색 잎 타입이다. 수분을 좋아하고 고온에 강하지만, 물러짐에는 특히 약하므로 통풍은 필수다. 착생시키면 사진처럼 클럼프가 잘 된다. 실외에서는 바람에 날아가지 않도록 주의한다. 꽃눈이 잘 생기고 향기를 머금은 꽃을 피운다.

파시쿨라타×세로그라피카
T. fasciculata ×T. xerographica

입수 : **희소** | 사이즈 : **대** | 일조 : A

파시쿨라타(p.71)의 직선적인 잎 모양과 세로그라피카(p.63)의 넓은 잎 모양을 이어받은 교배종이다. 크게 자라는 대형으로 아름다운 은색 잎 타입이지만, 상처가 나기 쉬우니 고정된 환경에서 기르고 소킹은 피한다. 바람을 잘 확보해 주고, 날이 찬 시기에는 물 주기도 소극적으로 하자.

파시쿨라타×혼듀렌시스
T. fasciculata ×T. hondurensis

입수 : **희소** | 사이즈 : **중** | 일조 : A

자연교배종이다. 혼듀렌시스의 특징이 조금 더 강하게 드러나 푸른빛의 흰색을 띤 두꺼운 은색 잎을 갖는다. 성장은 왕성하지만 물러짐에는 상당히 약해서 유목이나 헤고판 등에 착생시켜 매달아 늘어뜨려 관리하는 것이 좋다. 여름철에는 특히 바람이 잘 통하는 곳에 두어야 한다.

프라지오트로피카
T. plagiotropika

입수 : **보통** | 사이즈 : **소** | 일조 : A

비교적 손에 넣기 쉬운 소형의 아름다운 품종이다. 얇고 부드러운 녹색 잎이 방사형으로 퍼진다. 물건 위에 직접 올려놓으면 닿는 면의 잎이 망가지므로 유목 등에 착생시킨다. 소킹을 할 때에 다른 개체에 깔리지 않도록 주의한다. 물을 좋아하지만 물러짐에는 특히나 약하다.

불보사 벨리즈
T. bulbosa 'Belize'

입수 : **희소** | 사이즈 : **중** | 일조 : A

불보사(p.72)의 일종으로 최근 유통되기 시작한 녹색 잎 타입이다. 튼튼한 편이다. 봄부터 여름의 성장기에 충분한 물과 빛을 주고 통풍이 잘되면 새싹을 차근차근 피워낸다. 여름철의 직사광선에는 잎이 잘 타므로 주의한다. 손으로 들어봤을 때 묵직한 무게가 느껴지는 것을 구입한다.

풀모사
T. pulmosa

입수 : **보통** | 사이즈 : **소** | 일조 : A

이름은 '깃털 모양'이라는 의미다. 섬세한 잎에 트리콤이 밀착된 아름다운 은색 잎 타입이다. 물러지면 몸 전체가 검게 변하여 외견이 흉해지므로 통풍은 필수다. 특히 여름철에는 몸체가 상처받기 쉬워 물 주기는 기온이 떨어진 저녁 무렵부터 밤까지가 적당하다. 얇은 잎은 꺾이기 쉬우니 주의한다.

플렉수오사
T. flexuosa

입수 : **보통** | 사이즈 : **대** | 일조 : A

비비파라(vivipara: 꽃줄기에 자구가 생기는 현상)가 특징적인 녹색 잎 타입이다. 잎은 폭이 넓고 단단하며 건조해져도 회복이 빠르다. 봄부터 여름까지의 성장기에는 잘 자라지만 추위에는 상당히 약하다. 최저기온이 15℃ 이하가 되면 실내에서 관리하고 물 주기도 매우 소극적으로 하자.

헤테로모파
T. heteromorpha

입수 : **희소** | 사이즈 : **중** | 일조 : A

개체별로 차이가 많은 은색 잎 타입이다. 푼키아나(p.72)와 매우 닮은 모습의 줄기식물로, 헤테로모파 쪽 잎이 다소 두툼하다. 기르기는 쉽지만, 성장은 매우 느리다. 여름철 고온다습에는 주의가 필요하며 통풍에 신경 써야 한다.

페루잉카골드
T. 'Peru Inca Gold'

입수 : **희소** | 사이즈 : **중** | 일조 : A

단단한 질감의 잎이 옆으로 말려 자라는 것이 특징인 녹색 잎 타입이다. 무척 아름다운 잎이지만 꺾이기 쉬우므로 코르크 등에 착생시키는 것이 좋다. 기르기는 쉬워 분무기를 이용해 똑똑 떨어질 정도의 양으로 물을 뿌려주고, 성장기에는 샤워기 등으로 잎을 적셔 두꺼운 잎을 유지시켜준다. 꽃에 향기가 있다.

베르게리 하이브리드
T. bergeri hybrid

입수 : **희소** | 사이즈 : **대** | 일조 : A

건강한 베르게리의 교배종으로 사진은 클럼프가 된 모습이다. 1년 내내 밖에서 키울 수 있는 녹색 잎 타입이다. 실내에서는 일조 조건이 좋은 창가에서 하루 한 번은 바람을 쐬어주어야 한다. 극단적으로 건조되면 수축하지만, 적절한 관리로 재생시킬 수는 있다. 온도가 낮아지면 하늘색 꽃을 피운다.

혼듀렌시스
T. hondurensis

입수 : **희소** | 사이즈 : **대** | 일조 : A

털이 짧은 트리콤에 둘러싸인 은색 잎이 아름다운 품종이다. 잎은 두껍고 넓으며 약간 단단하다. 튼실한 대형으로 키우기 위해서는 봄부터 여름에 걸친 성장기에 직사광선이 들지 않고 바람이 잘 통하는 실외에서 관리하는 것이 좋다.

막브리데아나
T. macbrideana

입수 : **희소** | 사이즈 : **중** | 일조 : A

얇고 부드러운 잎이 아름다운 은색 잎의 줄기식물이다. 여름철의 고온다습한 환경에서는 물러지거나 썩기 쉬우므로 통풍이 잘되는 서늘한 곳에서 관리한다. 닿는 면이 많으면 상처가 나기 쉬우니 코르크 등에 착생시켜 관리하면 몸체의 아름다움을 유지시킬 수 있다.

말레몬티
T. mallemontii

입수 : **희소** | 사이즈 : **소** | 일조 : A

수염틸란드시아(p.60)와 닮았지만, 잎은 더 얇고 섬세한 은색 잎 타입이다. 사진은 꽃줄기가 자라 난 상태이며, 왕성한 가지 나누기로 쑥쑥 잘 퍼져 자란다. 건조에는 약하니 자주 분무해주는 것이 좋다. 통풍에 신경 써야 하는 것은 필수다. 옅은 보라색의 꽃에서 상당히 좋은 향기를 풍긴다.

묘수라
T. myosura

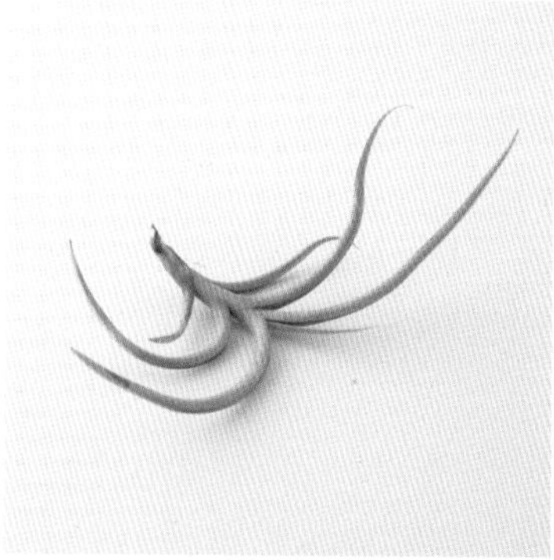

입수 : **희소** | 사이즈 : **소** | 일조 : A

단단한 잎이 서로 다른 방향으로 뻗어가는 개성적인 모습이 특징인 은색 잎 타입이다. 봄과 가을은 성장이 왕성하고 자구도 잘 생기니, 유목 등에 고착시켜 매달아 늘어뜨리면 좋다. 더위나 습기를 싫어해 여름철에는 반 응달의 바람이 잘 통하는 장소에서 관리해야 하며, 문이 닫힌 채로 실내에 두는 것은 절대 금물이다.

미나스제라이센시스
T. minasgeraisensis

입수 : **희소** | 사이즈 : **중** | 일조 : A

아름다운 은색 잎 타입이다. 비교적 튼실한 품종으로 크게 자라며 클럼프 모양이 되기 쉽다. 약간 두꺼운 잎은 상처가 나기 쉬우므로 그대로 두기보다는 코르크 등에 착생시키는 것을 추천한다.

미마 칠레텐시스
T. mima var. *chiletensis*

입수 : **희소** | 사이즈 : **중** | 일조 : A

미마는 매우 길고 힘차게 휘는 잎을 가졌다. 이런 특징을 더욱 뽐내듯 로제트형으로 퍼지는 은색 잎 타입이 바로 이 품종이다. 물을 좋아하며 성장이 왕성하므로 배양토에 바크칩이나 경석을 넣고 화분에서 키워도 좋다.

몰리스
T. mollis

입수 : **희소** | 사이즈 : **소** | 일조 : A

은색 잎이 아름다운 수염틸란드시아(p.58)와 가까운 품종이다. 하지만 수염틸란드시아보다는 다소 두껍고 단단한 잎을 지닌다. 성장은 느리지만 매우 튼튼해 더위는 물론 추위에도 강해서 기르기는 쉬운 편이다. 유목이나 헤고판 등에 착생시켜 매달아 늘어뜨려 관리하는 것이 좋다.

라티폴리아 카울레센트 폼
T. latifolia 'Caulescent form'

입수 : **희소** | 사이즈 : **대** | 일조 : A

변종이 많은 라티폴리아의 줄기 종이다. 튼튼하며 추위에도 강한 녹색 잎 타입으로 겨울철에는 뿌리 부근에 물이 고이면 얼어서 썩기 쉽다. 물 주기의 횟수를 줄이고 가습기 등으로 습기를 높여주면 겨울을 잘 넘길 수 있다. 매달면 잎이 상처받지 않고 모양을 잘 유지하는 데 도움이 된다.

라티폴리아 스몰 폼
T. latifolia 'Small form'

입수 : **희소** | 사이즈 : **소** | 일조 : A

라티폴리아 중에서도 희귀하며 크게 자라지 않는 녹색 잎 타입이다. 착생시켜 뿌리를 내리게 하는 편이 성장에 도움이 된다. 물러짐에는 매우 약해, 물을 준 후에는 되도록 바람이 잘 통하는 곳에 두어 몸체를 젖은 상태로 오래 두지 않도록 한다.

레커비폴리아
T. recurvifolia

입수 : **희소** | 사이즈 : **중** | 일조 : A

아름다운 은색 잎으로 부드러우면서도 두꺼운 잎이 특징인 품종이다. 수분을 좋아하지만, 여름철의 과한 습기에는 매우 약하다. 물을 준 후에는 잘 털어주고, 통풍이 잘되는 환경을 확보해 주는 것이 필수다.

레커비폴리아 서브세쿤디폴리아
T. recurvifolia subsecundifolia

입수 : **희소** | 사이즈 : **중** | 일조 : A

레커비폴리아의 변종으로 아름다운 은색 잎을 갖는다. 건조에도 강하고, 자구가 잘 생기며 기르기도 쉬운 품종이다. 개체별로 특성의 차이는 큰 편이다.

로지오스카파
T. roseoscapa

입수 : **희소** | 사이즈 : **대** | 일조 : A

꽤 크게 자라는 줄기식물인 은색 잎 타입이다. 단단한 잎은 두꺼우며 방사형으로 퍼진다. 볕을 좋아하니 봄부터 여름까지 실외에서 관리하고 햇빛에 조금씩 적응시키면 아름다운 잎을 유지할 수 있다. 습기가 적으면 잎의 끝이 금방 시들기 때문에 겨울철에는 물 주기는 조금 소극적으로 하되, 가습기를 함께 사용하면 좋다.

롤리아세아
T. loliacea

입수 : **보통** | 사이즈 : **소** | 일조 : A

기르기 쉬운 소형의 녹색 잎 타입으로, 순차적으로 자구를 만들며 클럼프가 되기도 쉽다. 꽃은 노란색으로 귀엽다. 건조해지면 몸체가 수축되므로 식물 밑에 서양란용의 바크칩이나 물이끼를 깔아두면 도움이 된다. 밝은 자연광이 드는 장소에서 관리하고 여름철의 강한 서향 빛은 피한다.

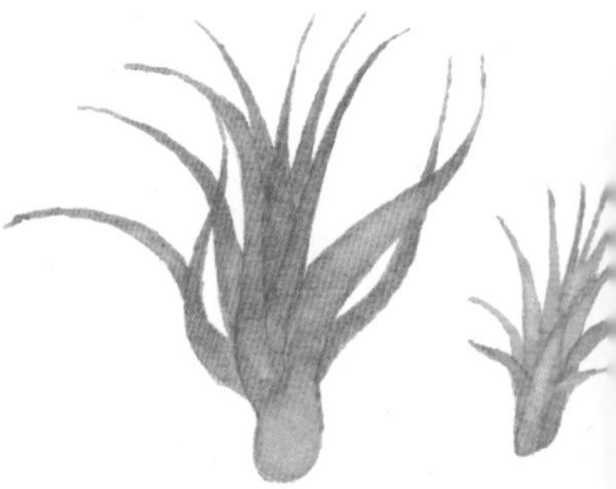

에어플랜트 찾아보기

처음 만나는

에어플랜트

초판 1쇄 2020년 2월 10일

지은이 요시하루 카시마
옮긴이 원정선
감수자 유키히로 마츠다

편집책임 김주현 | **담당편집** 윤형주
디자인 김주리 | **제작** 이기성
마케팅 사공성, 강승덕, 황재아

발행처 북커스
발행인 전재국
대표 정의선
출판등록 2018년 5월 16일 제406-2018-000054호
주소 서울시 종로구 평창30길 10
전화 02-394-5981~2(편집) 031-955-6980(영업)

값 11,000원
ISBN 979-11-90118-10-1(13520)

* 북커스(BOOKERS)는 (주)음악세계의 임프린트입니다.